航天型号嵌入式软件验证技术与实践

祝　宇　张幼春　杨　波　王新颖　编著

中国宇航出版社

·北　京·

图书在版编目（CIP）数据

航天型号嵌入式软件验证技术与实践 / 祝宇等编著
. -- 北京 : 中国宇航出版社, 2022.3
ISBN 978-7-5159-1968-3

Ⅰ. ①航… Ⅱ. ①祝… Ⅲ. ①航天—应用软件—软件开发 Ⅳ. ①V57-39

中国版本图书馆 CIP 数据核字(2021)第 171135 号

责任编辑 侯丽平　　**封面设计** 宇星文化

出版发行	中国宇航出版社		
社址	北京市阜成路 8 号　**邮编** 100830 (010)68768548	**版次**	2022 年 3 月第 1 版 2022 年 3 月第 1 次印刷
网址	www.caphbook.com	**规格**	787×1092
经销	新华书店	**开本**	1/16
发行部	(010)68767386　(010)68371900 (010)68767382　(010)88100613（传真）	**印张**	11.75
		字数	286 千字
零售店	读者服务部　(010)68371105	**书号**	ISBN 978-7-5159-1968-3
承印	天津画中画印刷有限公司	**定价**	88.00 元

前　言

随着航天事业的快速发展，航天型号上应用的软件越来越多，其重要性也越来越高。软件可以说是航天型号的灵魂，它组成了航天型号的神经系统，与硬件协同工作，共同完成复杂的航天型号的各项功能。

经过多年的研究与工程实践，针对航天型号嵌入式软件形成了一套不断完善的验证技术，有效地提高了航天型号嵌入式软件的质量。本书分别从航天型号嵌入式软件概述、软件开发通用要求、软件测试要求、软件测试技术、软件验证实践与经验、软件验证展望等角度描述航天型号嵌入式软件的验证现状。

在本书撰写过程中，参考了大量的相关资料，并结合多年的实践经验，力求内容具有实用性、针对性和可操作性。全书论述了航天嵌入式软件的验证过程和理论，并紧密结合实践，为了帮助读者更好地了解工程实践，书中详细列举了大量的丰富示例，给予读者一定的启发和帮助。

在本书的策划和成稿过程中，得到了航天软件评测中心许多同仁的关心与支持，其中，李福川、李敏、易加伟、王旋、李伟、刘鹏、宋晓秋、欧阳伶俐、罗春晖、孙晓晴、高艳鹍、谷文圆、盛晓娟、杨鹏飞、郑峰、孙建文、余方捷等人提出了宝贵的意见，在此，对他们表示衷心的感谢。

由于作者水平有限，书中难免有疏漏之处，敬请读者批评指正。

作　者

2022年1月

目　录

第 1 章　航天型号嵌入式软件概述

航天工程是一项软件密集型工程，运载火箭、飞船以及空间站上都运行着大量至关重要的软件，且大多数为嵌入式软件，这些软件直接关系到任务的成败。由于其功能和使用环境的特殊性，这些软件又有着区别于一般嵌入式软件的独特性：

1）针对特定领域，涉及信号处理的分选、识别、融合等多个方面，算法专业性强，处理精度要求高；

2）对软件的信息传输与处理速度，以及对外部事件的快速反应提出了高要求；

3）作为典型的反应式系统，虽然其总的运行流程相对单一，但参数设置以及信号分选、融合、识别等过程中数据关系复杂，相互依赖性强；

4）与硬件系统高度耦合，且各软件交互频繁，运行环境要求苛刻。

图 1-1 所示为软件密集型工程——空间站。

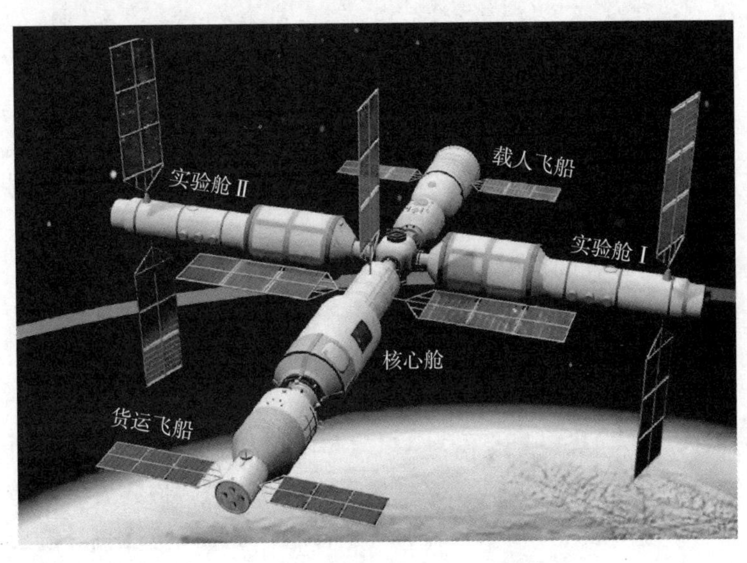

图 1-1　软件密集型工程——空间站

航天型号嵌入式软件从早期的基于芯片设计的用户系统，经历了基于标准总线的嵌入式计算机系统、基于 PC 总线的嵌入式计算机系统，一直到如今的高性能嵌入式微处理器系统，使用的开发工具也从无专门开发工具发展至支持各类实时仿真的开发工具，采用的编程语言也由汇编语言发展为支持大量算法库的各种高级语言。

本章主要从嵌入式软件工作原理、嵌入式软件在航天型号中的应用和特点、典型运行环境和典型开发环境、典型接口等方面对航天型号嵌入式软件进行介绍。

1.1　嵌入式软件工作原理

嵌入式系统是以应用为中心，以计算机技术为基础，并且软硬件是可裁剪的，适用于对功能、可靠性、成本、体积、功耗等有严格要求的专用计算机系统。嵌入式系统和真实的环境相互影响，通过传感器接收信号，给执行器发送信号，使执行器控制设备。图 1-2 所示为以芯片为核心的嵌入式系统。

图 1-2　以芯片为核心的嵌入式系统

根据国际电气和电子工程师协会（IEEE）的定义，“嵌入式系统是控制、监视或者辅助设备、机器和车间运行的装置”。这是早期的定义，现今的定义是：“嵌入式系统是为了实现某一特定功能专门设计的，内置于其他设备的软硬件系统”。

嵌入式系统与通用计算机的区别有以下 3 点：

1）内置于目标设备；

2）没有特定的外形；

3）实现专门的功能。

嵌入式系统一般嵌埋在更大的应用系统中。对用户来说，嵌入式系统是不可见的，所见的只是一个应用系统，如一个分析仪器、一个智能终端或一个飞机导航系统等。这些设备的规模和功能千差万别，但其应用软件开发却有一个共同的特点，即依赖于通用的操作系统及硬件环境的交叉开发过程，而应用软件的运行则是在不同的专用目标机系统中进行的。因为嵌入式系统应用极为广泛，导致系统设计的差异性极大，使得工程师们常常不得不自己设计适用的嵌入式系统。

一般而言，整个嵌入式系统的体系结构可以分成四个部分：嵌入式外围设备、嵌入式处理器、嵌入式操作系统和嵌入式应用软件。

随着计算机技术的发展，嵌入式系统的应用领域不断扩大，大至航天飞机自动导航系统，小至移动电话和智能家用电器。目前，嵌入式系统市场发展迅速，主要表现在通信、消费类电子产品和游戏机市场，嵌入式外围设备的数量已经远远超过桌面系统设备。

嵌入式处理器在某些情况下，其他性能较低功耗更为重要，而在另一些情况下，低功耗又成为最关键的因素。另外，一些设计者会考虑软件代码的大小以及渠道的多样性和过去的经验，这就导致存在几百种不同的嵌入式处理器。

嵌入式系统一般都采用商用实时多任务操作系统（RTOS）。商用RTOS按性能可分为软实时和硬实时两类，软实时的RTOS一般应用于消费类电子产品，如手持电脑、个人数字助理（PDA）和机顶盒等；硬实时的RTOS一般应用于通信、控制等要求实时性强和可靠性高的领域。

嵌入式软件是指嵌入式系统中的软件，其运行在嵌入式系统中，处理与外界的交互，起到核心控制的作用，它的正确性不但与逻辑结果相关，而且还与结果的响应时间相关，嵌入式软件主要控制动作器和传感器，很多时候也会使用模拟信号，所以系统往往还具有A/D和D/A转换功能。

1.2　嵌入式软件在航天型号中的应用和特点

嵌入式软件在航天系统中的应用非常广泛，是火箭、飞船、航天飞机、空间站等的关键组成部分。航天型号软件主要是指作为型号组成部分的计算机软件，包括飞行器和地面设备上的制导、控制、通信、遥测、遥控、安全控制、外测、测试、诊断、维修（维护）软件等。这些软件几乎全是和所属计算机系统一起嵌入整个型号系统中。因范围不同，嵌入式软件的大小从几百行语句到上千行、上万行语句不等。

航天嵌入式软件一般利用汇编语言、C/C＋＋语言设计，实现时序控制、闭合回路反馈、系统通信控制等，也应用于TCP/IP进行网络开发、嵌入式数据库开发等。可以毫不夸张地说，嵌入式软件的地位在航天系统中非常重要，关乎任务成败。

航天嵌入式软件，其功能和性能需求由所属计算机系统和上层总体确定，做系统要求做的事，并注意不做不要求做的事。也就是说，软件的需求几乎完全由上层总体决定。航天型号软件与型号的其他系统存在大量的接口关系和实时的数据传输。此外，航天嵌入式软件作为专用的嵌入式系统，必须和大量专用接口设备等硬件打交道，和专用硬件设备联系密切，同时也会受其制约。

由于嵌入式软件的应用要求，其运行过程需要依托特殊的平台，且运行环境严酷，因此对安全性、可靠性、实时性要求更高。航天型号嵌入式软件具有下述特点。

1.2.1　安全性要求严

软件安全性是指系统发生错误、产生故障之后或者系统处于异常时能够容错的能力，即软件运行不引起系统事故的能力。

航天系统是个复杂的大系统，从系统层到其组成单元都可能嵌入各种不同的计算机应用软件，软件作为航天系统的中枢，在其中起到至关重要的作用。在航天等高风险领域，这些软件一旦出现故障，可能会使系统失效或者导致巨大的损失，甚至威胁人的生命。

20 世纪 60 年代中期，美国的首次金星探测计划，因为使用 FORTRAN 语言编写 DO 语句时漏掉了一个逗号而惨遭失败；1991 年海湾战争，爱国者导弹在拦截飞毛腿导弹时几次拦截失败，其直接原因是软件系统未能即时消除计时累计误差；1996 年，阿里安 5 型运载火箭（见图 1－3）由于控制软件数据转换溢出在起飞 40 s 后爆炸，造成经济损失达 5 亿美元；1999 年，大力神 4B 运载火箭由于软件问题飞行 9 s 后偏离航向，造成卫星未进入预定轨道。航天系统中的各种数据采集、传输和处理软件，特别是系统的指挥和控制等功能所需的软件均属于安全关键性软件，有极高的安全性要求。

图 1－3　阿里安 5 型运载火箭

1.2.2　可靠性要求高

软件可靠性是指在规定的条件下，在规定的时间内，软件不引起系统失效的概率。该概率是系统输入和系统使用的函数，也是软件中存在缺陷的函数。

国内外航天发展的成功经验和失败教训充分证明，航天型号的成败取决于航天型号可靠性水平的高低。航天型号的可靠性就是在规定的发射条件下，在规定的时间内，实现规定功能而不发生故障的能力。软件作为航天装备的核心，其可靠性具有举足轻重的作用。随着航天技术的发展，系统越来越复杂，软件的规模越来越大，从而使得软件出现故障的概率也随之增大，对航天嵌入式软件的可靠性要求越来越高，可以说航天嵌入式软件的可靠性直接决定了航天型号的可靠性。图 1 - 4 所示为中国长征系列运载火箭，其上的高可靠嵌入式软件为我国航天发射保持较高成功率提供了保障。

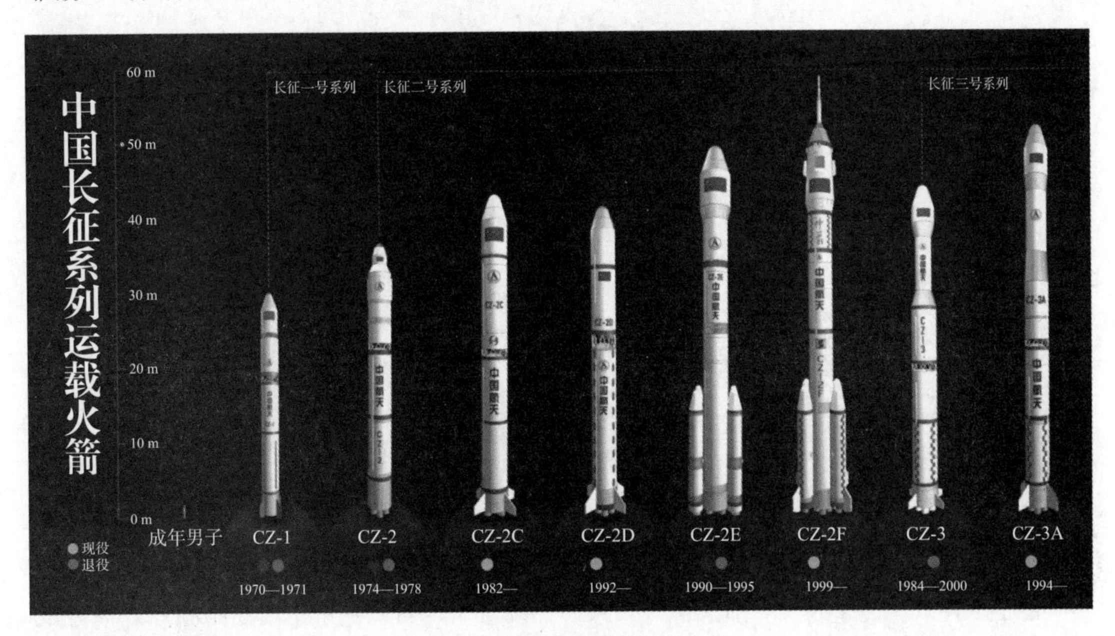

图 1 - 4　中国长征系列运载火箭

1.2.3　实时性要求强

航天型号系统中的嵌入式软件由于其应用要求，需要在规定的时间内完成处理功能，对软件的信息传输与处理速度提出了高要求。同时时间也是某些处理功能的重要输入参数，这就形成了嵌入式软件严格的处理时序。嵌入式软件与硬件系统高度耦合，与系统中各应用软件交互频繁，数据采集、信息处理、实时控制需要在规定的时间内完成，运行时间要求苛刻。

1.2.4　资源约束多

嵌入式软件一般把操作系统和应用软件直接固化在非易失性存储器中。嵌入式系统没有硬盘，就算是有硬盘或存储卡之类的外部存储器，也很少存储系统软件，多是用于存储数据或用户扩展的软件。其次，无论是操作系统还是应用软件都很精简，所占容量相对通用计算机要小得多。在航天嵌入式软件开发中，要求高效率地设计，减少硬件、软件冗余，恰到好处的设计有利于提高系统的可靠性。

1.2.5 软件规模大

在航天型号中，嵌入式软件规模越来越大，地面设备和星载或箭载设备的嵌入式系统代码将高达千万行规模，导致软件复杂度越来越高，随之带来更高的成本。除此以外，还需考虑安全性问题。需要建立并不断完善强大的研制保障系统，开发系统性、通用性设计和测试平台，以及建立专业化的标准和规范。图 1－5 所示为航天型号升级换代软件规模增长示意图。

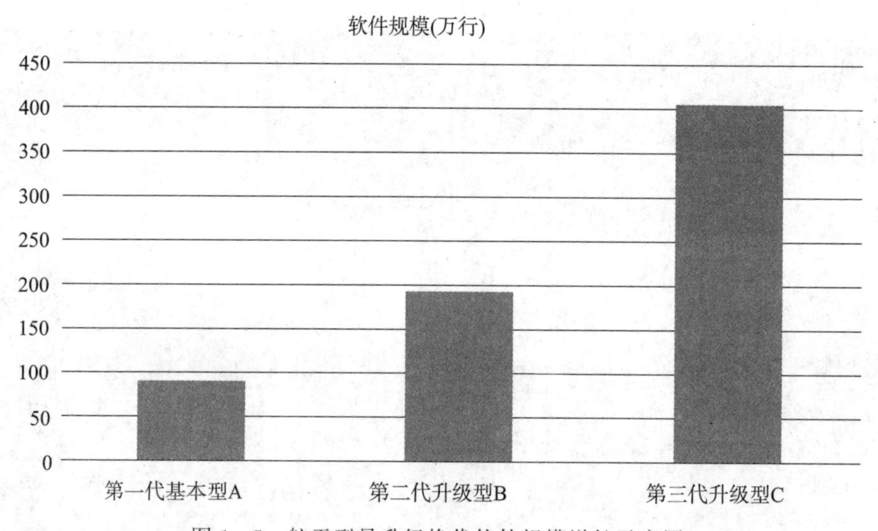

图 1－5 航天型号升级换代软件规模增长示意图

由于软件规模越来越大，航天嵌入式系统开发费用、测试费用不断超出预算，而开发进度则落后于计划，软件 bug 的代价也越发高昂。为更高效地开发更大规模、更安全的嵌入式系统，航天型号的嵌入式系统开发的标准正逐步进行完善，其宗旨是为了提升开发效率、增强开发规范性、保证开发质量。

根据航天型号嵌入式系统开发的标准，整个软件生命周期的所有开发进程都需要验证。从需求分析阶段开始直到系统联试阶段都须开展验证工作，在进入各测试阶段前，必须满足相应的进入条件。甚至对于验证进程本身，还要进行验证，这就是验证的验证。例如：测试是验证进程，而覆盖率分析则是验证的验证进程。航天嵌入式系统开发中验证的工作量常常达到 50％，特定领域甚至高达 80％。

1.3 典型运行环境和典型开发环境

嵌入式软件运行在嵌入式处理器中，典型的运行环境可分为以下几类。

1.3.1　嵌入式微处理器

嵌入式微处理器字长一般为16位或32位，Intel、AMD、ARM等公司提供的处理器通用性较好、处理能力强、可扩展性好、寻址范围大，支持灵活的设计。在应用中，嵌入式微处理器需要在芯片外配置RAM或ROM，根据应用要求扩展一些外部接口，如GPS、A/D接口等。图1-6所示为ARM芯片。

图1-6　ARM芯片

1.3.2　嵌入式微控制器

嵌入式微控制器又称单片机，目前在嵌入式系统中仍有广泛的应用。这种微控制器内部集成RAM、各种非易失性存储器、总线控制器、定时器、计数器、看门狗、I/O、串行口、脉宽调制输出、A/D转换、D/A转换等各种必要功能和外设。和嵌入式微处理器相比，微控制器的最大特点是将计算机最小系统所需的部件及一些应用需要的控制器/外部设备集成在一个芯片上，实现单片化，使得芯片尺寸大大减小，从而使得系统总功耗和成本下降、可靠性提高。图1-7所示为典型的嵌入式微控制器AT89C51芯片，图1-8所示为基于AT89C51的开关状态显示电路图。

1.3.3　嵌入式DSP

在数字滤波、FFT、谱分析、数据编码、雷达目标提取等方面，传统微处理器在进行这类计算操作时性能较低，需要采用专门的数字信号处理芯片DSP（Digital Signal Processor）。DSP的系统结构和指令系统进行了特殊设计，因而在执行相关操作时具有很高的效率。在航天型号软件应用中，DSP需要完成某些特定的任务，硬件和软件需要专门定制。典型的DSP处理器有TI系列、AD系列，如TI的TMS320C2000系列、TMS320C5000系列和TMS320C6000系列。

TMS320C2000系列DSP针对控制领域进行了优化配置，集成了众多的外部控制接口。该系列包括16位C24xx和32位的C28xx的定点DSP。由于C2000系列定位在控制领域，片内集成了大量外设，如I/O、SCI、CAN、A/D等，所以C2000系列在高速数字信号处理的同时，还能实现系统控制功能。

TMS320C5000系列DSP提供了性能、外围控制接口、小型封装和电源效率的优化组合，适合语音处理以及对功耗有严格要求的系统。该系列包括代码兼容的定点C54x和C55x。

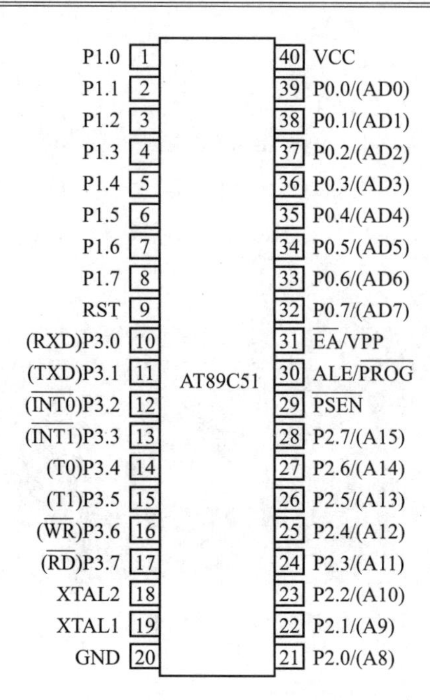

图 1－7 典型的嵌入式微控制器 AT89C51 芯片

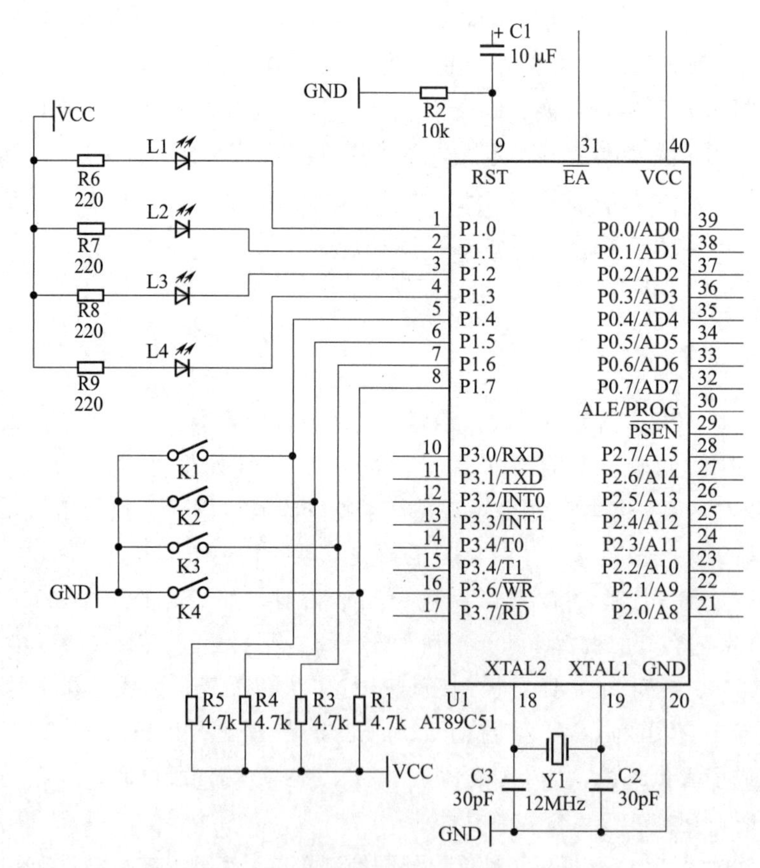

图 1－8 基于 AT89C51 的开关状态显示电路图

TMS320C6000 系列 DSP 具有高性能，最高主频超过 1 GHz，包含定点 C62x 和 C64x 以及浮点 C67x，适合数字图像处理、雷达信号处理等应用。图 1－9 所示为 TMS320C6713，图 1－10 所示为其内核图。

图 1－9　TMS320C6713

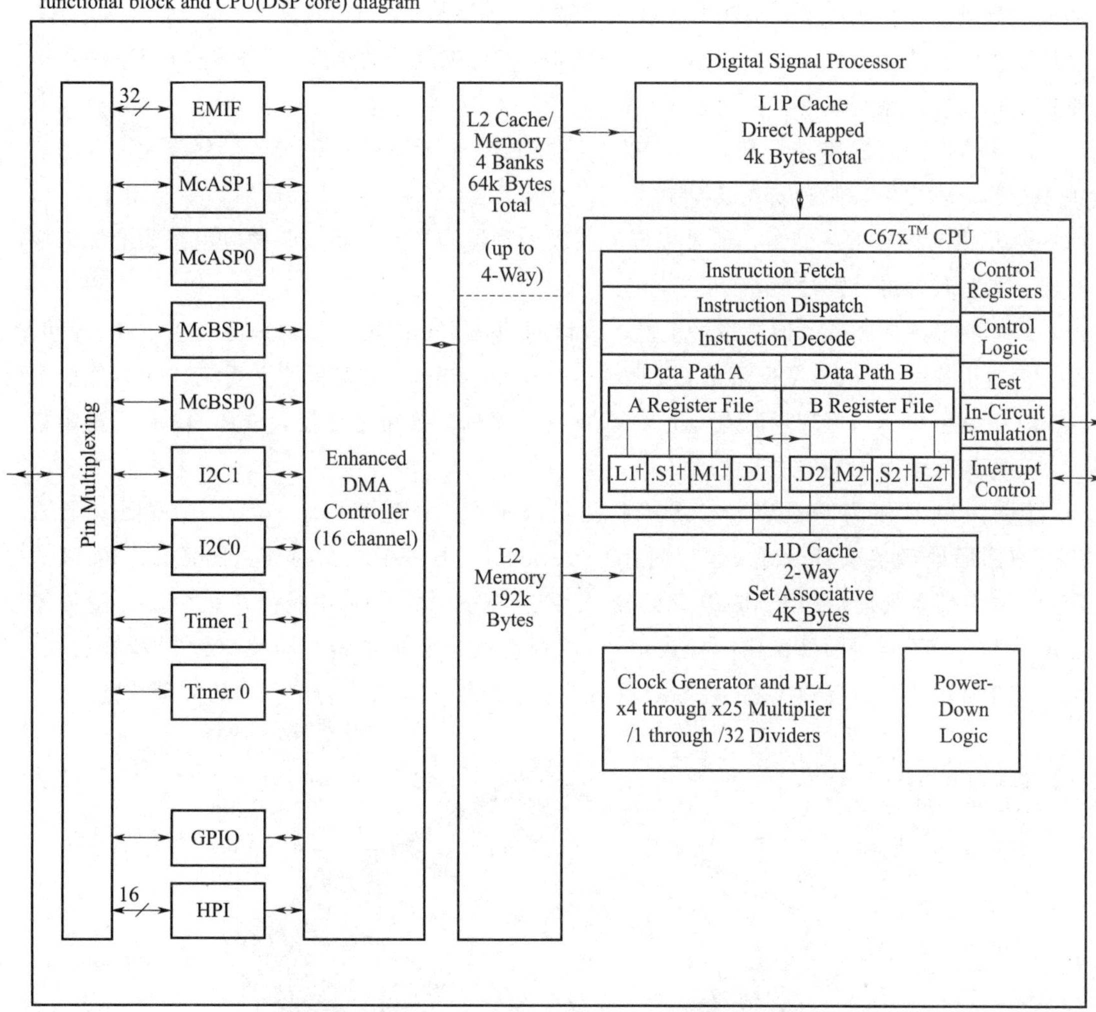

† In addition to fixed-point instructions, these functional units execute floating-point instructions.

EMIF interfaces to:
–SDRAM
–SBSRAM
–SRAM.
–ROM/Flash, and
–I/O devices

McBSPs interface to:
–SPI Control Port
–High-Speed TDM Codecs
–AC97 Codecs
–Serial EEPROM

McASPs interface to:
–I2S Multichannel ADC, DAC, Codec, DIR
–DIT: Multiple Outputs

图 1－10　TMS320C6713 的内核图

1.3.4 嵌入式片上系统（SoC）

SoC（System On a Chip）设计技术始于20世纪90年代中期。随着半导体工艺技术的发展，IC设计者能够将越来越复杂的功能集成到单硅片上，SoC正是在集成电路（IC）向集成系统（IS）转变的大方向下产生的。

某些特定的应用对嵌入式系统的功能、性能、接口有相似的要求，针对嵌入式系统的这个特点，利用大规模集成电路技术将某一类应用需要的大多数模块集成在一个芯片上，从而在芯片上实现一个嵌入式系统的大部分核心功能。SoC把微处理器和特定应用中常用的模块集成在一个芯片上，应用时往往只需要在SoC外部扩充内存、接口驱动、一些分立元件及供电电路就可以构成一套系统，极大简化了系统设计的难度，同时还有利于减小电路板面积、降低系统成本、提高系统可靠性。

嵌入式微控制器和SoC都具有高集成度的特点，将计算机小系统的全部或大部分功能集成在单个芯片中，但嵌入式微控制器内部集成了RAM和ROM存储器，主要用于控制，而SoC则没有内置的存储器，而是以嵌入式微处理器为核心，集成各种应用需要的外部控制器，具有较强的计算性能。

SoC的单片成本低，但是不可重构，设计周期长，一次投片成功率低、成本高、耗时长。相对于SoC，SoPC（System On Programmable Chip，可编程片上系统）的单片成本较高，但是可重构，可现场配置，开发周期短。相对于普通处理器，SoPC增加了定制指令，还可植入多个处理器同时并行工作。

图1-11所示为高通某SoC手机芯片集成示意图，它集成了CPU（中央处理器）、GPU（图形处理器）、RAM（运行内存）、Modem（通信模块）、ISP（图像信号处理）、DSP（数字信号处理）和Codec（编码器），将所有的系统所需功能都在一个芯片中提供了，手机厂商不需要额外采购（省成本），主板空间也会更加富裕，也有助于降低功耗。图1-12所示为华为首款旗舰5G SoC手机芯片，图1-13所示为该芯片的关键特性。

图1-11　高通某SoC手机芯片集成示意图

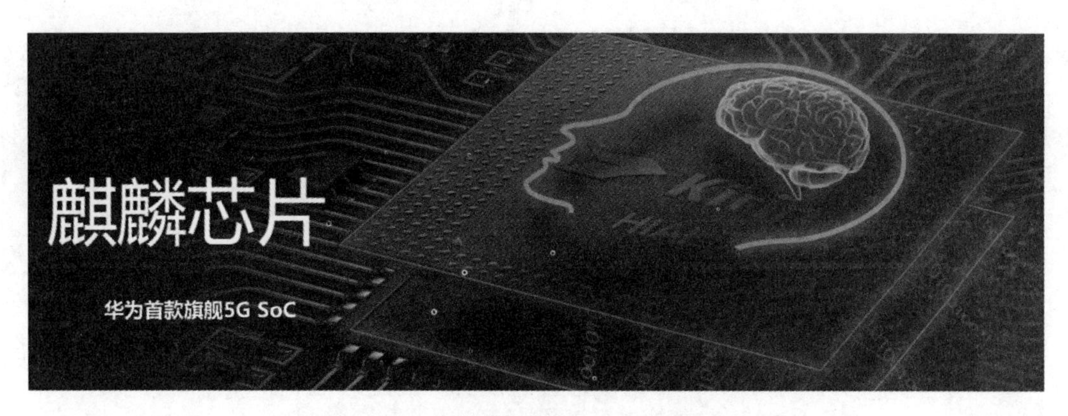

图 1-12　华为首款旗舰 5G SoC 手机芯片

表 1-1　华为首款旗舰 5G SoC 手机芯片的关键特性

关键特性	
Process	• 7 nm＋EUV
CPU	• 2xA76-Based@2.86 GHz • 2xA76-Based@2.36 GHz • 4xA55@1.95 GHz
GPU	• 16 core Mali-G76
Al	• HUAWEI Da Vinci Architecture • Ascend Lite * 2＋Ascend Tiny * 1 • HiAl 2.0
Modem	• 2G/3G/4G/5G • SA & NSA Fusion Network Architecture • FDD & TDD Spectrum Access
ISP	• Kirin ISP 5.0 • BM3D DSLR-Level image noise reduction • Dual-Domain video noise reduction
Memory	• LPDDR4X

1.3.5　典型开发环境

嵌入式软件典型的开发环境有 CCS、WorkBench、Qt 等。

CCS 是 TI 公司推出的用于开发 320 系列 DSP 芯片的集成开发环境，采用 Windows 风格界面。它集编辑、编译、链接、软件仿真、硬件调试及实时跟踪等功能于一体，包括编辑工具、工程管理工具和调试工具等。CCS 有两种工作模式，即软件仿真器模式和硬件在线编程模式。软件仿真器模式可脱离 DSP 芯片，在 PC 上模拟 DSP 的指令集和工作机制，主要用于前期算法实现和调试。硬件在线编程模式可实时运行在 DSP 芯片上，与硬件开发板相结合在线编程和调试应用程序。图 1-13 所示为 CSS 开发环境示意图。

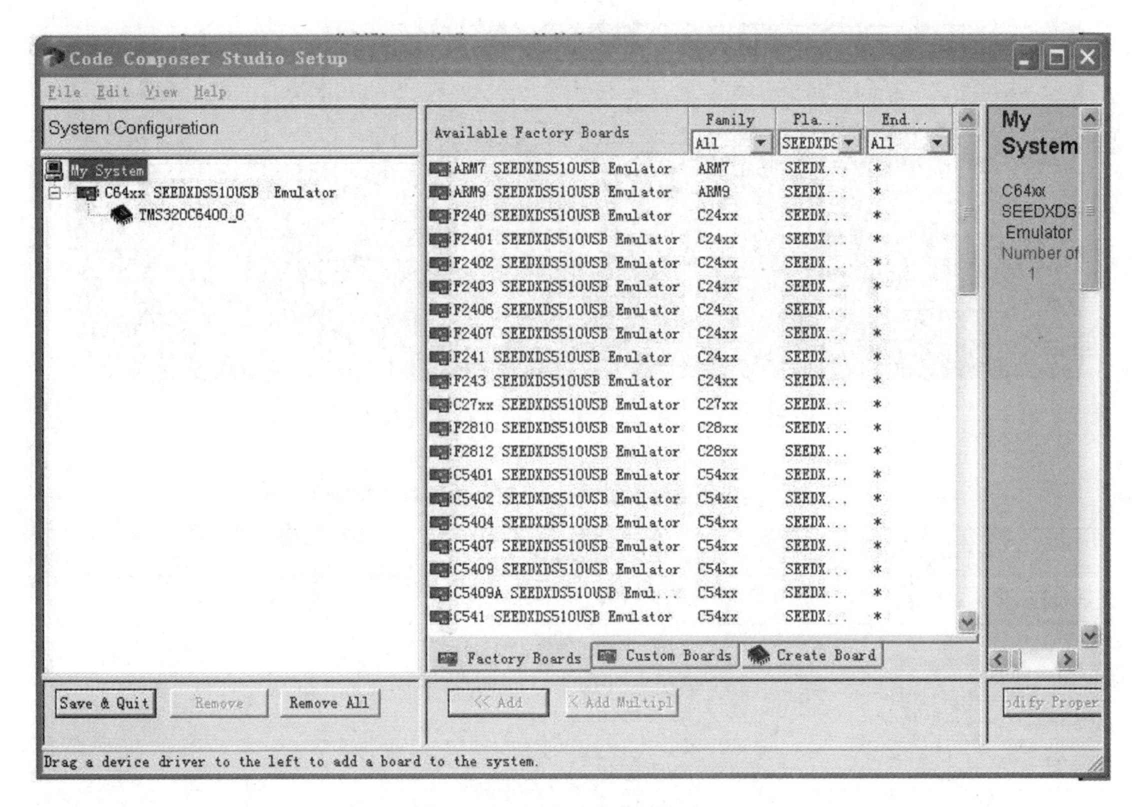

图 1－13　CCS 开发环境示意图

WorkBench 是风河公司为开发 VxWorks 实时操作系统上的软件提供的新一代集成开发环境。WorkBench 以开放的 Eclipse 平台为框架，调试环境可充分进行客户化定制，作为单一的全功能平台，涉及产品的整个开发周期。WorkBench 拥有广泛的适用性，特别适合复杂的目标系统，具有丰富的调试手段，大大加快了调试进度。常用的处理器是飞思卡尔的 Power PC 系列处理器，如 MPC8247 等，使用的操作系统是 VxWorks 5.5，开发环境是 Tornado。随着产品的升级换代，CPU 性能会逐渐提升，功能会逐渐扩展。之后将使用的处理器只有 VxWorks 6 及以上的操作系统才支持，而 VxWorks 6 及以上的开发环境不再是 Tornado，而是 WorkBench。图 1－14 所示为 VxWorks 5.5 启动界面，图 1－15 所示为 VxWorks 6.6 启动界面，图 1－16 所示为 Work Bench 集成开发环境界面。

Qt 是 1991 年由 Qt Company 开发的跨平台 C＋＋图形用户界面应用程序开发框架。它既可以开发 GUI（图形用户界面）程序，也可用于开发非 GUI 程序，比如控制台工具和服务器等。2008 年，Qt Company 被诺基亚公司收购，Qt 也因此成为诺基亚旗下的编程语言工具。2012 年，Qt 被 Digia 收购。2014 年 4 月，跨平台集成开发环境 Qt Creator 3.1.0 正式发布，实现了对于 iOS 的完全支持，新增了 WinRT、Beautifier 等插件，废弃了无 Python 接口的 GDB 调试支持，集成了基于 Clang 的 C/C＋＋代码模块，并对 Android 支持做出了调整，至此实现了全面支持 iOS、Android 和 WP，它提供了应用程序开发者建立艺术级的图形用户界面所需的所有功能。基本上，Qt 同 X Window 上的 Motif、Openwin、GTK

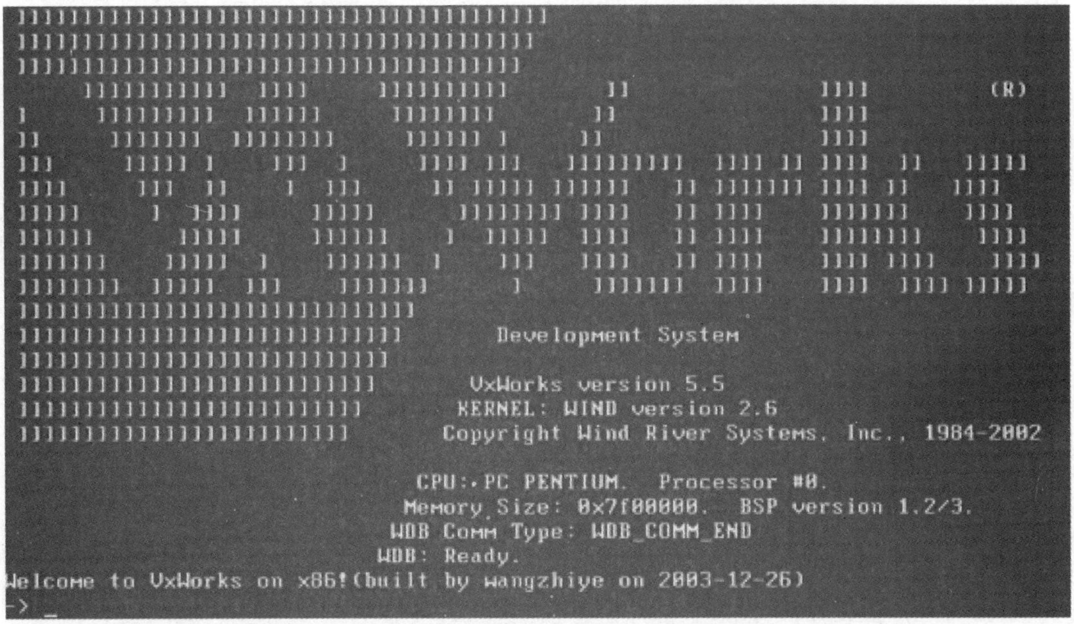

图 1-14　VxWorks 5.5 启动界面

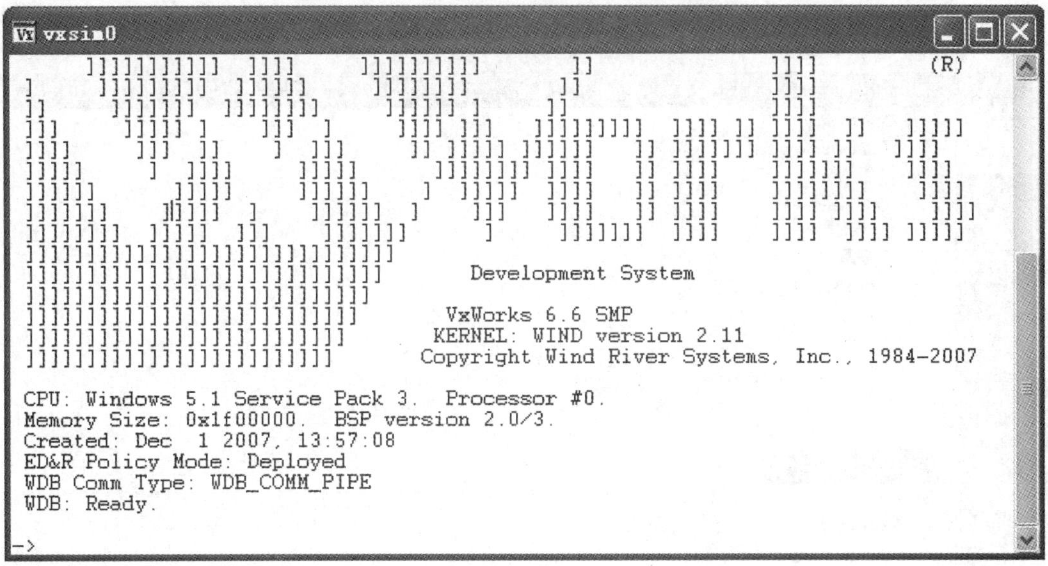

图 1-15　VxWorks 6.6 启动界面

等图形界面库和 Windows 平台上的 MFC、OWL、VCL、ATL 是同类型的工具。图 1-17 和图 1-18 所示为 Qt 开发界面。

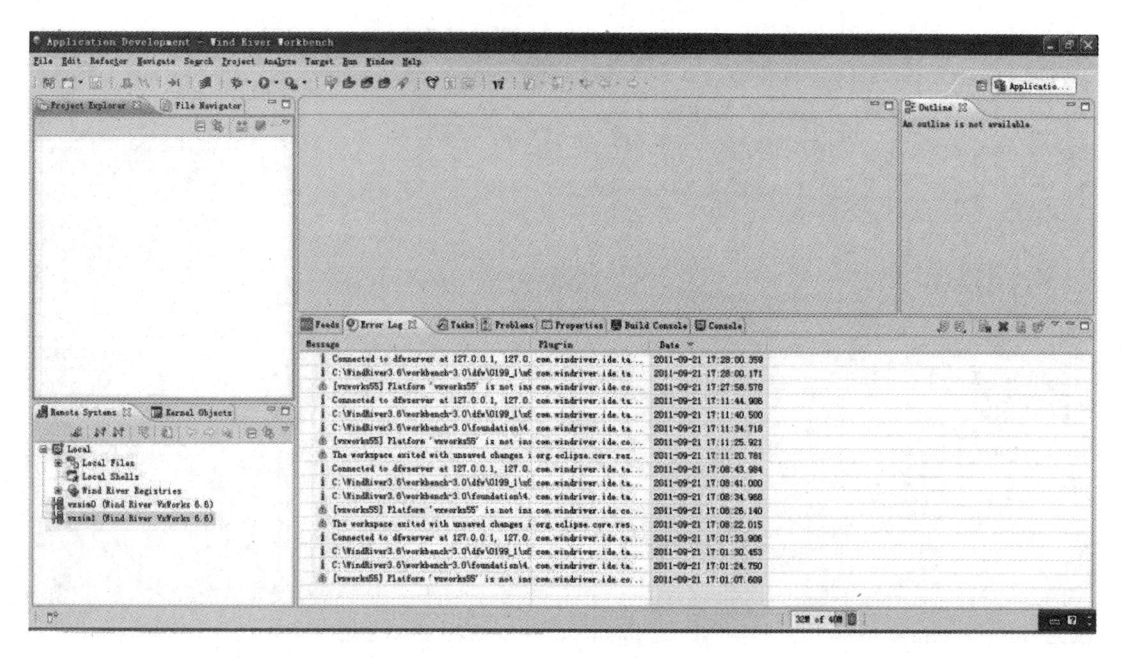

图 1 - 16　WorkBench 集成开发环境界面

图 1 - 17　Qt 开发界面 1

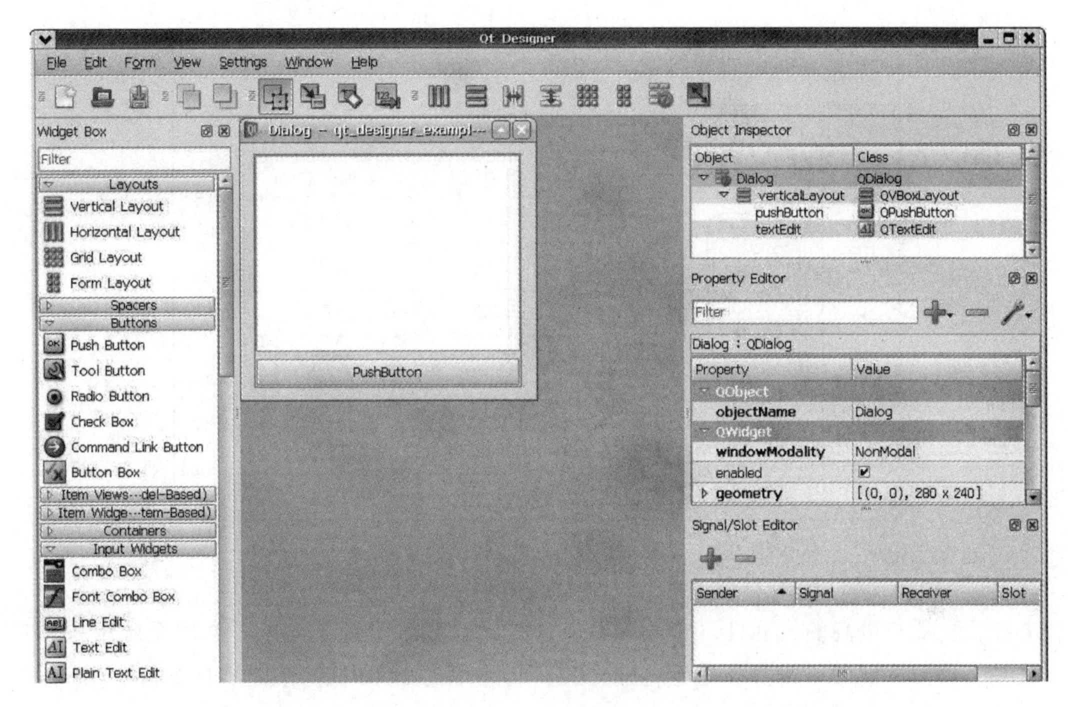

图 1 - 18　Qt 开发界面 2

1.4　典型接口

由于实时嵌入式软件具有很强的实时性特点，且需要通过各种外部接口与其他设备通信，其典型的接口有 CAN、1553B、RS - 485/422/232、A/D、D/A、DIO 等。

CAN 总线是德国 BOSCH 公司在 20 世纪 80 年代初为解决汽车中众多的控制与测试仪器之间的数据交换而开发的一种通信协议。由于 CAN 总线具有突出的可靠性、实时性和灵活性，因而得到了业界的广泛认同和运用，并在 1993 年正式成为国际标准和行业标准，被誉为“最有前途的现场总线”之一。CAN 总线是一种有效支持分布式控制或实时控制的串行通信网络，它以半双工的方式工作，一个节点发送信息，多个节点接收信息，可以实现分布式多机系统，提高数据在网络中传输的可靠性。CAN 总线为双线串行通信，可允许在同一总线上连接多个具备 CAN 通信能力的设备节点，通常采用特性阻抗为 120 Ω 的双绞线进行连接。图 1 - 19 所示为 CAN 接口针脚定义。

MIL - STD - 1553B 总线是美国空军电子子系统联网的标准总线，我国标准为 GJB 289A，是一种中央集权式的串行总线，总线组成包括一个总线控制器（负责总线调度、管理，是总线通信的发起者和组织者）和若干个（最多不超过 31 个）远程终端，另外还可以有一个总线监视器，用于监视总线的运行。该总线采用指令应答方式实现系统通信，采用冗余通道和奇校验以及相应的错误处理来提高系统通信的可靠性。1553B 是总线接口规律和信号特性的标准，它在物理层上对硬件部件所产生的电信号特性做了严格的规定，在数据链路层和网络层对错误监测的方法和指令响应的格式也做了严格的定义。由于

DB9针型插座	引脚	信号	描述
6 7 8 9 / 1 2 3 4 5	1	N.C.	未用
	2	CAN_L	CAN_L信号线
	3	CAN_GND	参考地
	4	N.C.	未用
	5	CAN_SHIELD	屏蔽线
	6	CAN_GND	参考地
	7	CAN_H	CAN_H信号线
	8	N.C.	未用
	9	N.C.	未用

图 1-19 CAN 接口针脚定义

1553B 总线具有极高的可靠性，因而在航空、航天、军事等领域的电子联网系统中得到广泛应用。1553B 总线采用异步数据传输方式，码速率为 1 Mbps（现已出现支持 4 Mbps 的板卡），即每秒 10^6 位，数据编码采用曼彻斯特Ⅱ型码，差分传输，一般情况下采用屏蔽双绞线作为传输介质。图 1-20 所示为 1553B 总线字格式。

位时	1–3	4–8	9	10–14	15–19	20
命令字	同步头	5 远程终端地址	1 T/R	5 子地址/方式	5 数据字计数/方式代码	1 P
数据字	同步头	16 数据				1 P

位时	1–3	4–8	9	10	11	12–14	15	16	17	18	19	20
状态字	同步头	5 远程终端地址	1 消息差错	1 测试手段	1 服务请求	3 备用	1 广播指令接收	1 忙	1 子系统标志	1 动态总线控制接收	1 终端标志	1 奇偶

图 1-20 1553B 总线字格式

RS-232 是美国电子工业联盟制定的串行数据通信接口标准，原始编号全称是 EIA-RS-232（简称 RS-232），它被广泛用于 DCE（Data Communication Equipment）和 DTE（Data Terminal Equipment）之间的连接。DCE 可以理解为数据通信端，比如 modem 设备；DTE 可以理解为数据终端，比如电脑。最早的台式计算机都会保留 9 针的 RS-232 接口，用于串口通信，目前基本被 USB 接口取代。现在 RS-232 接口常用于仪器仪表设备、PLC 以及在嵌入式领域当作调试口来使用。图 1-21 所示为 RS-232 接口引脚分配。

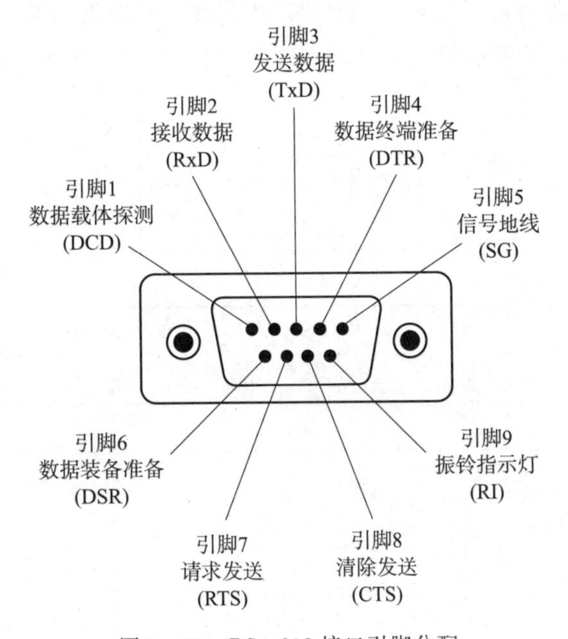

图 1-21　RS-232 接口引脚分配

RS-422 接口是一种单机发送、多机接收的单向平衡传输规范，被命名为 TIA/EIA-422-A 标准。为扩展应用范围，EIA 又于 1983 年在 RS-422 接口基础上制定了 RS-485 标准，增加了多点、双向通信能力，即允许多个发送器连接到同一条总线上，同时增加了发送器的驱动能力和冲突保护特性，扩展了总线共模范围。图 1-22 所示为常用的 RS-422 串口。

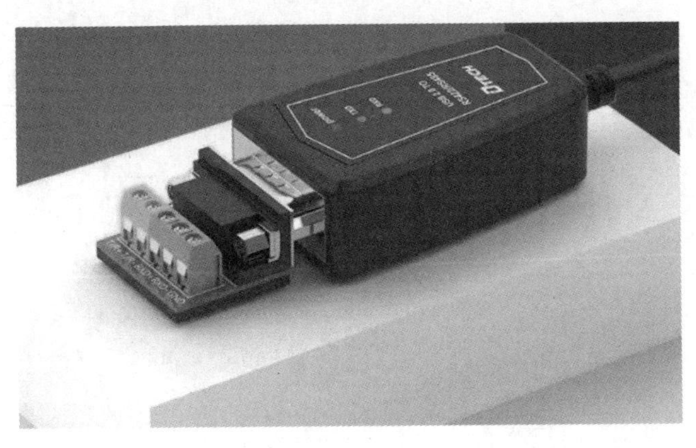

图 1-22　常用的 RS-422 串口

RS－485是美国电子工业协会（EIA）在1983年批准的一个新的平衡传输标准（Balanced Transmission Standard），EIA一开始将RS（Recommended Standard）作为标准的前缀，不过后来为了便于识别标准的来源，已将RS改为EIA/TIA。目前标准名称为TIA－485，但工程师在实践中仍继续使用RS－485来称呼此标准。RS－485是一个电气标准，描述了接口的物理层，像协议、时序、串行或并行数据以及链路全部由设计者或更高层协议定义。图1－23所示为RS－485、RS－422、RS－232接口引脚分配比较。

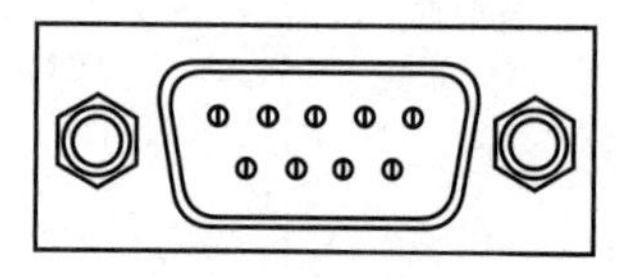

RS－232		RS－422	RS－485
Pin	Signal Name	Signal Name	Signal Name
1	DCD	Tx－	DATA－
2	RxD	Tx＋	DATA＋
3	TxD	Rx＋	NC
4	DTR	Rx－	NC
5	GND	GND	GND
6	DSR	NC	NC
7	RTS	NC	NC
8	CTS	NC	NC
9	RI	NC	NC

图1－23　RS－485、RS－422、RS－232接口引脚分配比较

第 2 章　航天型号嵌入式软件开发通用要求

航天工程规模巨大，参与单位众多，研制单位分散，且大部分承研单位均需要承担数以万计的型号产品、装备的研制。因此在软件研制过程中需要进行科学的管理，在保证质量的前提下，持续完成改进和优化是非常重要的，为解决软件研制过程中可能出现的各类问题，提高软件的质量和项目控制能力就显得尤为重要，通过一系列的规范对软件开发过程进行体系化的管理，将软件在研制过程中全生命周期的活动通过科学的方式统一管理，做到过程可策划、可控制、可测量，为软件改进提供有效的数据支撑，定义每个过程所需的目标，找出解决问题的最佳方式，持续对软件问题进行解决的同时提供对组织最有帮助的建议，从而不断提高软件质量和项目管理能力。

本章主要从软件研制流程和软件工程化管理两方面介绍航天型号嵌入式软件开发的通用要求。

2.1　软件研制流程

软件研制的类型一般分为沿用、改研和新研，沿用即完全使用上一型号软件，不修改软件的任何内容；改研即修改软件的配置文件、数据或源代码，修改比例一般不超过20%；新研即完全根据任务书和需求重新设计开发软件。具体的软件研制类型如表 2-1 所示。软件承研方根据软件研制任务书或系统/分系统研制任务书（含相关软件研制）要求及现有同类型号相关软件重用性分析，确定软件项目的研制类型。

表 2-1　软件研制类型

类型名称	说明
沿用	已完成沿用可行性分析与审批，不加修改即可再次使用的软件
改研	不修改软件可执行代码的内容，仅修改软件诸元即可满足任务要求的软件
	根据任务要求进行适应性更改、完善设计的软件，程序规模更改量一般不大于 20%，即软件重用率不小于 80%
新研	不属于沿用或改研的软件，包括程序规模更改量大于 20%的软件

软件承研方应建立一个与合同要求一致的研制技术流程，全生命周期的航天型号嵌入式软件研制过程一般包括以下几个主要阶段：系统总体设计、分系统设计、软件开发、系统联调、软件验收、软件维护。其中，软件开发又分为软件需求分析、软件设计、软件实现和单元测试、软件单元集成和测试、软件配置项测试、软硬件集成和测试。整个研制技术流程如图 2-1 所示。

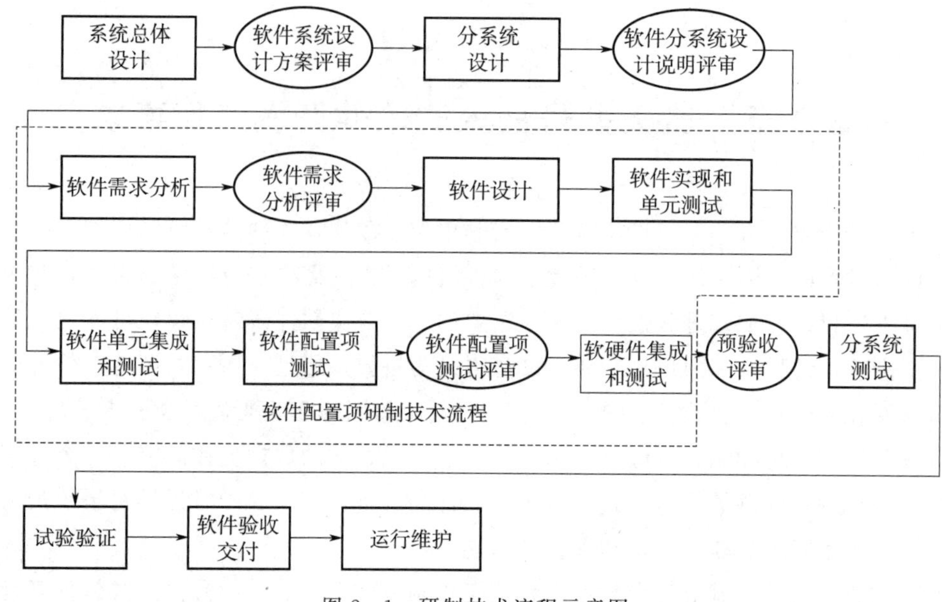

图 2-1 研制技术流程示意图

2.1.1 总体设计

型号总体和分系统单位负责开展系统、分系统需求分析，对所属型号总体或分系统的软件技术要素进行统筹设计，包括软件系统组成及各软件的功能、性能、接口、安全性等方面的总体要求，完成型号软件总体方案及分系统软件总体方案。

总体设计准则主要有：

1）符合型号相关详细规范；

2）满足研制任务书中所提出的技术指标；

3）充分利用已有的技术成果，积极慎重地采用有发展前景、经过地面严格考验、满足经济性要求的先进技术；

4）立足于国内的资源、技术和工业基础，积极引进国外先进技术；

5）贯彻标准化综合要求；

6）尊重科研规律，遵循研制程序。

总体设计工作内容主要有：

1）指标可行性论证、提出方案设想和可能采取的技术途径；

2）确认需要攻关的课题；

3）提出技术保障条件及需要解决的重大问题；

4）估计研制经费和研制周期；

5）完成可行性论证报告及系统研制任务书等；

6）进行方案论证，确定总体方案，完成总体方案报告；

7）提出各分系统设计要求和有关技术指标；

8）提出主要试验方案。

2.1.2　分系统设计

根据型号软件总体方案及分系统软件总体方案，交办方完成分系统设计，提出软件研制任务书及相关接口、模型等。系统分解和 CSCI 分解示意如图 2－2 所示。分系统设计的主要内容为软件任务交办方完成系统应用过程及数学模型的设计，确定各分系统间的电气接口、信息交换关系和通信协议，提出系统应用过程、数学模型、信息交换关系、通信协议等详细要求。

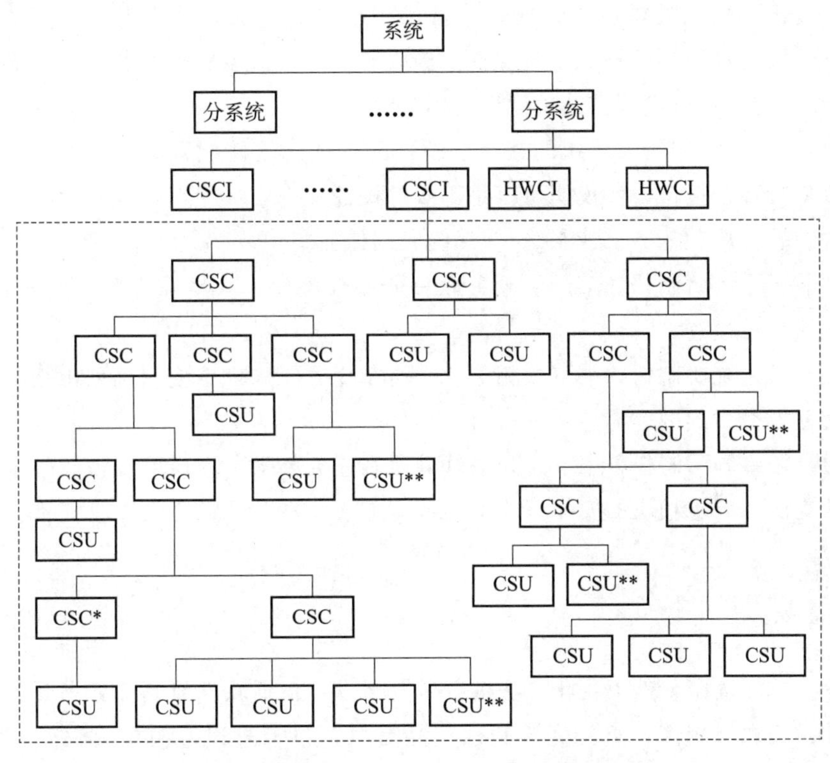

图 2－2　系统分解和 CSCI 分解示意图

分系统设计的实施步骤如下：

1）分析系统规格要求和组成成分；

2）分析硬件与软件的关系，包括结构、配置以及使用规则；

3）定义各软件开发项目；

4）提出系统应用过程、数学模型、信息交换关系、通信协议等详细要求；

5）定义各硬件、软件开发项目之间接口的需求；

6）确定各软件开发项目的关键性级别；

7）进行初步危险分析，确定安全性关键的部件以及要采用的安全性设计准则；

8）确定技术指标（含功能、性能）和可靠性要求，初步提出必要的验收方法；

9）编制系统/子系统研制任务书（含相关软件研制任务要求）、接口设计说明（或等效的设计文件，如信息交换协议），一般为任务书的输入文件，也可以可含在任务书中；

10）完成评审。

分系统设计的方法和技术要求如下：

1）采用系统工程方法，任务分解采用结构化方法，自顶向下进行；

2）系统/子系统研制任务书（含相关软件研制任务要求）应对软件的主要功能、性能、输入、输出、数据处理要求、接口等技术指标进行定义，并提出运行环境、设计约束、可靠性、安全性和维护性、质量保证、验收和交付、进度和控制节点等要求；

3）必须确定软件研制项目的关键性级别；

4）接口设计说明应明确系统间接口、硬件配置项、软件配置项、人工操作及其他系统部件的接口特性；接口设计说明可以是等效的设计文件，如接口协议、通信交换接口定义等，可含在软件研制任务书或系统/子系统研制任务书中；

5）系统/子系统研制任务书（含相关软件研制任务要求）是软件验收和交付的依据，其内容应全面、可检查；

6）系统/子系统研制任务书（含相关软件研制任务要求）中应明确列出任务承办方最终向任务交办方交付的内容清单；

7）系统/子系统研制任务书（含相关软件研制任务要求）中应明确该软件是否要进行独立的软件测试，以及相应的安排，A（关键）、B（重要）级别的软件应安排进行第三方测试。

2.1.3 软件开发

软件承办方均按照软件工程化方法进行研制开发，根据软件研制任务书开展软件需求分析、设计、实现、测试，直到完成软件产品交付，整个过程遵循相关软件工程实施规范。各软件根据项目的安全关键程度，划分关键等级，不同等级软件需遵循软件工程实施规范，研发过程中产生的主要软件文档如表 2-1 和表 2-2 所示。

表 2-2 配置项级软件主要文档列表

序号	文档名称
1	研制任务书
2	需求规格说明
3	设计说明
4	用户手册
5	数据库设计说明
6	开发计划
7	配置管理计划

续表

序号	文档名称
8	配置管理报告
9	质量保证计划
10	质量保证报告
11	测试计划
12	测试说明
13	测试报告
14	产品规格说明
15	版本说明
16	研制总结报告

表 2-3　系统级软件主要文档列表

序号	文档名称
1	运行方案说明
2	系统规格说明
3	设计说明
4	用户手册
5	开发计划
6	配置管理计划
7	配置管理报告
8	质量保证计划
9	质量保证报告
10	测试计划
11	测试说明
12	测试报告
13	产品规格说明
14	版本说明
15	研制总结报告

2.1.3.1　软件需求分析

软件需求分析是软件承办方项目组在系统设计的基础上，根据交办方提出的软件研制任务书进行的。主要是确定被开发软件的运行环境、功能和性能要求，编写软件开发计划，为软件设计提供软件需求规格说明。

软件需求分析的实施步骤如下：

1）组织、确定和落实软件项目组的各类人员；

2）分析和确定软件开发、运行的环境；

3）编制软件开发计划、质量保证计划和配置管理计划；

4）明确操作者的要求，与任务交办方合作，经分析后要将任务书的技术指标要求条文拟订成相应的软件需求规格说明条文；

5）确定人机界面要求；

6）进行软件需求危险分析，提出安全性关键的计算机软件成分清单，提出满足软件可靠性和安全性要求的措施；

7）编写软件需求规格说明、软件接口需求规格说明（可与软件需求规格说明合并）；

8）初步编写软件测试计划，主要是明确计划安排，提出测试类型、确定主要测试内容，明确计划安排，设计当前任务书功能和性能要求的20％测试用例，其余测试设计可在以后进行；

9）安排测试工作，若需要研制专门的软件测试设备，则应在本阶段评审通过后安排与软件开发并行的测试设备研制工作，以保证软件测试工作按时顺利进行。

软件需求分析的技术要求如下：

1）软件开发计划中应有检查标志，以满足研制任务书的进度要求和其他相关要求。

2）软件开发计划中应给出阶段评审要求，并明确配置管理和软件质量保证人员。

3）软件需求规格说明的编制要求：

a）必须用确定的方法正确而恰当地定义软件的功能、性能与接口等所有的软件需求；

b）除设计上的特殊限制外不描述任何设计或管理的细节；

c）全部软件安全性需求、相关的危险事件和原因被明确地标识，同时清晰地描述安全关键功能的执行条件和禁止执行条件。

4）软件需求规格说明编制的质量要求：

a）完整性：包括全部有意义的功能、性能、设计约束、属性和外部接口方面的需求，对所有可能环境下的各种可能的输入数据都给予定义，对合法和非法输入数据的处理做出规定；

b）明确性：对软件需求的描述要明确无误，保证每一个需求只有一种解释，不能有二义性；

c）一致性：各需求的描述不矛盾，所采用和描述的概念、定义、术语统一化、标准化；

d）可验证性：不使用不可度量的词（如“通常”、“一般”、“基本”等）描述需求，保证描述的每一个需求都能通过检查判断是否满足；

e）易修改性：文档的结构与描述应有条理、易于阅读和检索，没有冗余，以增强可读性和保持一致；

f）可追踪性：文档各条目应清晰、可追踪。即软件需求与软件研制任务书具有清晰的双向追溯性。

5）所有需求分析工作应以运行环境为基础。

6）注意软件需求规格说明与系统设计的一致性，包括软件的安全关键功能应与软件任务书的要求一致。

7）分析系统的动态特性，明确软件的实时性需求。

8）说明硬件环境、软件实现方面的约束。

9）应重视软件需求规格说明内容的可测试性，软件需求规格说明应满足系统质量控制要求。

10）确定所有软件功能需求中的优先顺序和关键程度。

11）正确和完整地表达系统安全性要求，并已恰当地转化为软件需求。

12）软件需求规格说明除了需描述应发生的事件外，还应描述软件不应发生的事件。

2.1.3.2　软件设计

软件有多种设计方法，在采用结构化方法进行设计时，根据软件需求规格说明进行体系结构设计，建立软件总体结构和软件部件间的关系，定义各软件部件的数据接口、控制接口，设计全局数据库和数据结构。对部件进行过程描述设计，划分软件部件及单元，设计部件的内部细节，包括程序模型算法和数据结构，为编写源代码提供必要的说明。

在采用面向对象的方法进行设计时，依据软件需求规格说明，在概念图的基础上完成类的设计，对行为职责进行分配，在用例描述的基础上描述类对象间的协作关系。为类添加必要的属性，对类的行为进行过程描述设计，设计类行为的内部细节，包括程序模型算法和数据结构，为编写源代码提供必要的说明。同时开展单元集成和测试的计划、设计工作。

采用结构化设计方法的实施步骤如下：

1）总体结构设计采用自顶向下的方法，逐项分解软件需求，进行结构设计，定义部件及各部件间的关系；

2）设计该软件系统的数据结构（或数据库），给出所需的模型及所采用的算法原理（算法逻辑模型）；

3）设计高层模块的数据流和控制关系；

4）给出各个部件的功能描述、数据接口和控制接口描述、外部文件及全局数据定义；

5）根据软件可靠性要求，对各部件进行可靠性设计；

6）进行安全性分析，使安全性关键的软件部件的设计符合安全性要求；

7）将构成软件系统的各个部件逐步细化，形成若干个软件单元；

8）采用程序流程图或程序设计语言（PDL）对各个单元进行过程描述，完成算法程序模型；

9）对各单元考虑适当的防错、容错措施；

10）对各单元进行可靠性设计；

11）确定安全性关键的单元，分析其设计是否符合安全性设计要求；

12）完成程序编制模板及注释设计，对编程人员提出编程要求；

13）编制软件设计说明；

14）开展软件单元和集成测试的计划、设计工作，结果纳入软件单元和集成测试的报告中。

采用面向对象设计方法的实施步骤如下：

与采用结构化设计方法的实施步骤相同，但2）～4）除外，采用面向对象设计方法时2）～4）相应为：

2）* 在需求分析阶段概念模型的基础上，设计该软件系统的类，给出所建立的类图，设计类的属性；

3）* 对行为职责进行分配，确定类的行为；

4）* 在需求分析阶段用例描述的基础上，给出各个类对象的协作关系，给出外部文件及全局数据定义。

软件设计方法的技术要求如下：

一般按结构化设计原则进行设计，必要时可采用面向对象的设计方法进行设计，共同的要求如下：

1）总体结构划分和总体流程图的描述符合相关标准和规定；

2）各部件间应满足低耦合度，各部件内应满足高内聚度，部件的作用范围应在其控制范围之内；

3）各模块功能单一，模块接口的复杂性低；

4）软件设计说明和软件需求规格说明前后一致，具有良好的可追踪性；

5）各子项目、模块的功能和接口要求必须完整、正确；

6）设计说明要满足可靠性和安全性要求；

7）设计说明要考虑数据安全保密要求；

8）详细规定各单元之间的接口，包括共享外部数据、参数的形式和传送方式、上下层的调用关系等；

9）确定单元间的数据流或控制流，对每个单元必须确定所有输入、输出和处理功能；

10）确定单元内的算法及数据结构；

11）进行可靠性、安全性设计；

12）规定符号的使用规则，确定命名规则；

13）文档齐全、可验证。

除上述要求外，对于面向对象设计方法，还需满足下列要求：

1）详细规定各类对象之间的关系、类对象的属性、类对象间信息交互的方式等；

2）确定类对象的行为，对类对象行为必须确定所有的输入、输出和处理功能。

2.1.3.3 软件实现和单元测试

根据软件设计说明，对各软件单元进行编码、调试、代码审查和单元测试，验证软件单元与设计说明的一致性。

软件实现和单元测试的实施步骤如下：

1）依据软件设计说明，对每个软件单元进行编码和调试；

2）对完成编码的源程序进行代码审查；

3）补充和完善单元测试用例并以此产生测试数据，确定单元测试工具，开发单元测试辅助程序；

4）进行软件单元测试；

5）根据单元测试发现的问题更改源程序代码，在单元测试记录中记录更改内容和对应的源程序版本；

6）对安全性关键软件单元的正确性和可靠性进行分析；

7）及时清除程序中用于调试的多余语句和程序“垃圾”；

8）记录所有提交单元测试的源程序版本及对应的测试结果，形成软件单元测试记录。

软件实现和单元测试的技术要求如下：

1）用指定的编程语言，遵循软件可靠性和安全性设计准则，进行编码，编码格式符合相应语言的程序格式约定；

2）为提高可读性，在源程序中必须有足够详细的注释，注释分为文件注释、模块注释及模块内部注释，注释率一般不低于 20%；

3）每个软件单元实现的功能、性能和接口应满足软件设计的要求；

4）软件单元测试与软件设计说明（或软件详细设计说明）应具有双向追溯性；

5）采用结构化（或面向对象）编程方法；

6）被测软件单元的每项软件特性、功能都必须被至少一个测试用例所覆盖；

7）不仅要考虑对合法的输入产生测试用例，而且要对非法的、非预期的输入产生测试用例，既要对正常的处理路径进行测试，也要对出错处理路径进行测试；

8）软件单元的测试用例一般以驱动程序和桩程序的形式表现出来，在这些测试辅助程序中必须加入详细而明确的注释说明；

9）软件必须利用合适的工具进行编程准则检查；

10）设计并完成软件单元测试，汇编软件单元测试记录（包含测试内容、测试用例等）；

11）编码经过改动后，需通过以前已通过的单元测试用例后方允许替换原软件单元；

12）软件在完成调试后必须清除所有的多余物和“垃圾”。

图 2-3 所示为软件单元测试示意图。

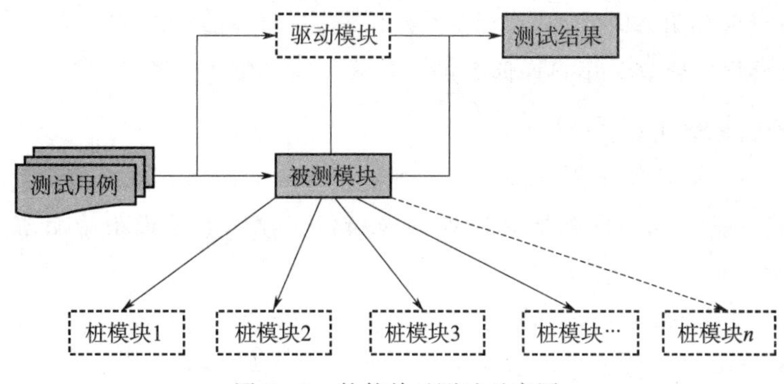

图 2-3　软件单元测试示意图

2.1.3.4　软件单元集成和测试

在这个阶段中，要完成两部分工作：一部分是软件单元集成工作，即按照软件设计说明中规定的软件结构，将软件单元逐步集成为软件部件直至软件配置项；另一部分是单元集成测试工作，重点检查软件单元和（或）软件部件之间的接口。以上两部分工作联系密切，应该结合在一起完成，在完成软件单元集成工作的同时，完成软件单元集成测试工作。

软件单元集成和测试的实施步骤如下：

1）应在软件设计阶段开展并完成软件单元集成测试的计划和设计工作；

2）采用增量式的集成方法，将软件单元逐步集成为软件配置项；

3）建立软件集成测试环境；

4）应对构成软件部件的每个软件单元的单元测试情况进行检查，并给出测试充分性指标；

5）执行软件测试用例，并详细记录测试信息；

6）对比每个测试用例的实际运行结果和预期输出结果，判定该测试用例是否通过；

7）如果测试不通过并确认是程序错误，应找出产生错误的原因，并在修正程序错误后进行回归的单元测试和集成测试，直至通过回归测试；

8）在测试记录中记录更改内容和对应源程序版本。

软件单元集成和测试的技术要求如下：

1）软件单元集成测试计划中应包括集成顺序、集成策略；

2）软件单元集成测试的重点是检查软件单元和（或）软件部件之间的接口；

3）软件部件的功能满足设计要求；

4）软件单元集成测试在找出程序错误后，软件开发者对程序进行修改、调试，然后再重新进行相应的软件单元测试和单元集成测试，即进行回归的单元测试和单元集成测试，并对修改部分及受影响的部分重复进行软件单元集成测试，测试用例必须包括以前使用的测试用例，并根据修改情况增添一些新的测试用例，应特别注意收集和保存这些测试用例；

5）通过单元集成测试的软件应与软件设计具有双向可追踪性；

6）软件单元集成建议采用自底向上的增量式的软件集成过程。

2.1.3.5　软件配置项测试

根据软件需求规格说明中定义的全部需求及软件测试计划，测试整个软件是否达到要求。软件配置项测试的目的是确认该软件是否达到了软件需求规格说明所规定的各项要求、是否可以进行软硬件集成和测试。

软件配置项测试的依据是软件研制任务书、软件需求规格说明、软件设计说明，测试对象为通过了软件单元测试和软件单元集成测试的源程序代码。

软件承办方必须完成软件配置项测试工作。在完成软件配置项测试后，A（关键）、B（重要）级软件还应由有航天认证资格的第三方评测单位完成独立的软件测试。

在软件需求分析阶段应开始软件配置项测试工作，包括测试计划和测试说明的编制、测试环境的建立等。

软件配置项测试的实施步骤如下：

1）修订软件测试计划和软件测试说明；

2）完成软件测试计划和软件测试说明的评审及批准；

3）建立或确认软件测试环境；

4）按相关标准的规定，完成软件功能测试、性能测试、接口测试、余量测试、安全性测试等测试项目；

5）分析测试结果，找出产生错误的原因；

6）针对发现的问题，对代码和相关的各阶段软件文档进行修改，修改后的代码进行回归测试，按相关标准规定执行；

7）在测试报告中记录更改内容和对应源程序版本，编写软件测试报告。

软件配置项测试的技术要求如下：

1）A（关键）、B（重要）、C（一般）级软件的软件配置项测试组必须主要由非本软件开发人员（包括详细设计、编程人员）组成，但不排除软件编码人员为测试工作做贡献；

2）软件配置项测试组的组成应包括本软件需求分析人员，与软件交办方协商，必要时，要有软件交办方的代表参加；

3）软件测试计划和测试说明应通过有软件交办方参加的评审；

4）必须在正常输入数据和异常输入数据的条件下，考查被测软件功能的完备性；

5）软件配置项测试环境应是目标计算机系统或交办方认可的替代系统；

6）全部预期结果、测试结果及测试数据应存档保留，测试结果应如实记录，不能全部简单地写成与预期结果一致，有数值的，要明确记录实测值；

7）参加软硬件集成和测试后才能验证的个别功能、性能和接口要求，必须在软件测试报告中写明；

8）软件开发组应积极配合软件配置项测试组的工作；

9）对软件配置项测试发现的问题，由上级设计师参考软件开发组的意见决定是否进行修改和如何修改；

10）软件修改后，应对软件修改部分及受影响的部分进行测试，如果涉及工作产品修改，则需对涉及的工作产品修改，并对相应的版本升级，直至软件配置项测试通过；

11）未经许可，不允许对源程序进行任何修改；

12）不允许修改软件测试记录；

13）软件配置项测试用例应与软件需求规格说明具有双向追踪性。

2.1.3.6　软硬件集成和测试

参加软硬件集成测试的软件取自受控库的产品，作为型号中一个系统的一部分或一个分系统的一部分，将其与系统或分系统组合，进行软硬件集成和测试，目的是确认该软件是否满足软件研制任务书规定的需求，以及是否与之相适应。

软硬件集成和测试是型号研制的一个重要阶段，由交办方负责，承办方参与制定软硬件集成和测试的分系统试验大纲，并参与开发和记录测试用例、测试规程和测试数据，以保证软件与之正确对接。

软硬件集成和测试的实施步骤如下：

1）制定实验大纲；

2）开展软硬件集成测试（或等效的分系统联调）；

3）测试中发现软件问题，进行软件问题更改。软件更改后再次开展软硬件集成测试；

4）测试完成后，进行试验总结。

软硬件集成和测试的技术要求如下：

1）软件与所属系统的接口应重点测试，不允许有不协调之处；

2）对软件向所属系统的输出信息、从所属系统向软件的输入信息都应仔细归类进行测试，并注意边界测试；

3）要将软件和所属系统组合在一起进行测试；

4）测试要在软件所属系统的正式工作环境上进行；

5）全部预期结果、测试结果及测试数据应存档保留。测试结果应如实记录，不能全部简单写为与预期结果一致，对于有数值的，要明确记录实测值；

6）对存在的问题应分析其产生的原因并给出修改意见；

7）对软硬件集成和测试发现的问题，经修改后，需再次通过以前进行的与修改部分相关的测试，是否增加新的测试用例需视修改情况及影响域来定；

8）涉及外部接口的更改，必须通报上级设计师，由上级设计师确定对系统的影响。

2.1.4 系统联调

系统联调由交办方的上级总体或型号总体负责，承办方软件项目组参加，按照系统联调计划、测试用例和规程进行。对分系统软硬件产品在型号真实环境下的系统工作正确性和协调性进行试验，检测系统的功能、性能、接口等是否满足规定的要求。

作为型号中一个系统的一部分或型号中的一部分，与分系统或系统进行系统联调，系统联调是型号研制的一个重要阶段，目的是确认该软件是否满足软件研制任务书规定的系统要求。

系统联调阶段发生需求变更或发现软件问题时，应对存在的问题进行分析并给出修改意见。

系统联调的实施步骤如下：

1）制定分系统/系统联调大纲；

2）开展系统联调；

3）系统联调中发现软件问题，进行软件问题更改。软件更改后再次开展系统联调；

4）系统联调结束后进行试验总结。

系统联调的技术要求如下：

1）系统联调要在软件所属系统的正式工作环境下进行；

2）系统联调的试验数据应存档保留；

3）对存在的问题应分析其产生的原因并给出修改意见；

4）对系统联调发现的问题，经修改后，需再次通过以前进行的与修改部分相关的测试，是否增加新的测试用例需视修改情况及影响域来定，并在分系统/系统联调总结报告中加以说明。

2.1.5 软件验收

承办方负责软件使用准备、软件移交准备、软件交付，交办方负责软件验收测试和产品验收。

承办方应按照软件研制任务书规定的要求，向交办方提出软件验收申请，支持交办方进行软件验收测试和评审，交付软件产品，提供培训和支持。

软件验收程序从承办方提交软件验收申请开始到交办完成验收活动终止，交办方负责，承办方参与，软件验收实施步骤如下：

1）承办方向交办方提交软件验收申请，交办方审批软件验收申请；

2）承办方向交办方填写移交项目清单并提交被验收软件及相关文档；

3）交办方成立验收组对软件进行验收测试、验收审查、验收评审，承办方配合验收；

4）交办方完成验收报告，对被验收软件做出验收结论。

软件验收的技术要求如下：

1）检查软件是否通过配置项测试，是否通过软硬件集成和测试；

2）按照相应规范给出程序编制标准和约定，检查程序和数据以及相应的软件支持环境是否符合要求；

3）检查承办方交付的文档与软件研制任务书的规定是否一致，对软件物理配置逐项检查，特别要检查文档与程序的一致性、文档的准确性和完整性、是否通过了有关的评审；

4）检查软件功能与软件需求规格说明的一致性、软件接口与软件接口说明的一致性；

5）检查该软件配置项测试、软硬件集成和测试的过程、文档、分析结论是否正确，是否通过了有关的评审；

6）形成软件产品后，按照各个单位制定的软件安装要求，进行软件安装并填写软件安装记录单，明确软件在所属系统上的安装和验证要求。

2.1.6 软件维护

承办方负责软件产品交付后的维护活动，主要完成纠正性维护、适应性维护、完善性维护活动。

软件在验收交付后，进入软件维护阶段。承办方应承担下列维护活动：

1）纠正性维护：为改正硬件或软件的故障而进行的修改完善；

2）适应性维护：为使软件产品在变更了的环境下仍能使用而进行的修改完善；

3）完善性维护：为改善计算机程序的性能、可维护性或其他属性而进行的修改完善。

纠正性维护的实施步骤如下：

1）承办方或交办方发现硬件或软件故障，填写问题报告单，承办方根据问题报告单涉及的问题或更改内容的影响范围进行更改决策，若对其他系统有影响，则交由上一级设计师决策；

2）根据批准的问题报告单，承办方要对软件进行更改时，填写软件更改单，并履行更改单审批手续。软件更改涉及的其他分系统接口预计有变化部分，须经相应分系统有关人员进行会签确认；

3）对更改后的软件正确性进行验证，承办方或交办方填写软件验证单，验证包括对修改后的软件进行内部测试、第三方测评（一般要求 A、B 级软件）和必要的系统实验验证，软件验证单须相应分系统有关人员进行会签确认；

4）修改后的软件经评审和批准，形成新的软件版本。

适应性维护或完善性维护的实施步骤如下：

1）交办方修改软件研制任务书；

2）若软件代码修改规模小于 5%，可按纠正性维护实施；

3）若软件代码修改规模大于等于 5%，或总师认为必要时，承办方依据修改后的软件研制任务书启动部分或全部开发过程。

2.2 软件工程化管理

软件工程化的管理工作和技术要求，始终贯穿航天型号软件的全部开发过程，从软件开发方确定软件开发模型、建立软件工程环境、开展安全性分析、遵循软件编程指南、开展各研发阶段的评审活动、对重要软件进行第三方测试，到质量问题的归零处理，均是多年来行之有效的软件工程化管理工作。

本节简要介绍软件工程化管理中的评审、配置管理、软件测试与验证要求、质量保证、风险管理的内容，以及质量问题归零的要求和工作程序。软件第三方测试的内容将在后续章节具体介绍。

2.2.1 评审

软件按照关键等级进行分类管理，高级语言及汇编类软件在系统分析与设计、软件需求分析、软件概要设计、配置项测试阶段进行正式评审，其他阶段要进行内部同行评审。在软件产品出厂验收交付时要进行验收评审或出厂（所）评审，或进行技术状态和质量评审。

2.2.2　配置管理

型号软件配置管理活动应贯穿于整个软件开发周期，保证软件的完整性和可追溯性，至少应建立如下三条基线：

1）软件功能基线：系统设计活动完成，软件研制任务书或系统/子系统研制任务书（含相关软件研制任务要求）经过正式评审和批准；

2）软件分配基线：软件需求分析活动完成，软件需求规格说明经过正式评审和批准；

3）软件产品基线：软硬件集成和测试活动完成，软件产品经过正式评审和批准。

航天型号嵌入式软件的承办方应建立软件开发库、软件受控库和软件产品库，并对其实施管理。凡纳入基线并已入受控库的软件工作产品若需更改，均应进行有效的控制，开展配置纪实和配置审核工作。

2.2.3　软件测试与验证要求

高级语言及汇编类软件按照关键等级开展单元测试、集成测试和配置项测试。关键重要软件（A、B 级）必须建立配置项测试环境对软件进行测试与验证，同时要提交第三方进行软件评测。

2.2.4　质量保证

软件质量保证是通过独立于项目的质量保证人员对过程、工作产品进行评价，确保对适用的过程说明、标准和规程的遵循性。

质量保证人员制定质量保证计划，根据质量保证计划，质量保证人员对相关的过程活动、工作产品进行评价，检查过程活动、工作产品与标准和规程的符合性，处理不符合问题，向有关人员通报评价结果，并确保不符合项得到解决。

2.2.5　风险管理

承办方应在整个软件开发过程中进行风险管理。承办方应：

1）制定风险管理计划，风险管理计划也可以纳入软件开发计划中；

2）标识、分析和排序软件开发项目中潜在的技术、成本和进度风险；

3）制定管理风险的策略；

4）实施风险管理策略，跟踪和控制风险。

2.2.6　质量问题归零

2.2.6.1　质量问题的技术归零

质量问题技术归零的五条要求：

1）定位准确。确定质量问题发生的准确部位。

2）机理清楚。通过理论分析、试验等手段，确定质量问题发生的根本原因。

3）问题复现。通过试验或其他验证方法，再现或确认质量问题发生的现象，验证定位的准确性和机理分析的正确性。

4）措施有效。针对发生的质量问题，采取纠正措施，经过验证，确保质量问题得到解决。

5）举一反三。把质量问题信息反馈给本型号、本单位并通报其他型号、其他单位，检查有无可能发生类似模式或机理的问题，并采取预防措施。

质量问题技术归零的工作程序：

1）确定问题的顶事件。质量问题发生后，在不影响人员和设备安全的情况下，应保护好现场，并做好记录。组织相关技术人员确认质量问题的现象和部位，对问题现象、数据分析结果进行系统分析，确定问题的顶事件，开展故障树分析和试验验证。

2）进行问题定位和机理分析。通过故障树分析质量问题产生的原因，确定问题的底事件。问题定位分析要从上到下层层分解，逐步定位到底事件，问题定位应结合机理分析进行，如利用影响及危害性分析（FMECA）、故障分析树（FTA）等方法来帮助查明产品故障模式和原因之间的关系。

3）开展故障复现试验。故障复现试验原则上应在与故障发生时相同或类似的环境、条件下进行。无法完全再现故障环境的，可以进行故障模拟试验、仿真试验和（或）理论推导分析，试验及分析结果对归零工作的支撑性需经评审确认。

4）制定和落实纠正措施。制定纠正措施（包括验证方法和实施方案），明确需更改的文档和代码。措施应能有效排除故障及影响，必要时组织评审确认。

5）实施举一反三。型号主管领导根据本型号的情况，在本型号范围内提出有针对性的举一反三要求。责任单位应组织开展本单位各型号的举一反三工作，必要时单独编写报告提交归零评审。

6）归零措施和举一反三的跟踪验证和确认。责任单位质量管理部门对纠正措施和举一反三落实情况进行跟踪检查。

2.2.6.2 质量问题的管理归零

质量问题管理归零的五条要求：

1）过程清楚。查明质量问题发生和发展的全过程，从中找出管理上的薄弱环节或漏洞。

2）责任明确。根据职责分清造成质量问题的责任单位和责任人，并分清责任的主次和大小。一般分为直接责任、间接责任、领导责任和管理责任。

3）措施落实。针对管理上的薄弱环节或漏洞，制定并落实有效的纠正措施和预防措施。

4）严肃处理。对由于管理原因造成的质量问题应严肃对待，从中吸取教训，达到教育人员和改进管理工作的目的。对于重复性质量问题和人为责任质量问题的责任单位和责任人，按规定给予处罚。

5）完善规章。针对管理上的薄弱环节或漏洞，健全和完善规章制度，并加以落实，从规章制度上避免质量问题的发生。

质量问题管理归零的工作程序：

1）明确开展管理归零的质量问题。针对质量问题产生的管理因素进行分析，明确归类、集中开展管理归零的问题。重大质量问题应单独形成管理归零报告。

2）查明质量问题的发生过程和责任。质量问题责任单位应确认质量问题的责任部门、责任人和计划安排，组织有关人员查明质量问题产生的过程，进行内、外部故障成本分析。采用因果分析图、矩阵法和分层法等质量管理方法分析问题产生的原因，找出管理上的薄弱环节或漏洞，按照“领导责任、管理责任以及直接责任、间接责任”来明确相关人员应承担的责任。

3）采取措施和完善规章。采取措施和完善规章的原则如下：

a）针对造成质量问题的管理原因，找出在管理上存在的薄弱环节或漏洞，采取有效的纠正和预防措施；

b）规章制度不健全时，应及时制定和完善；

c）应对质量管理体系文件进行补充、完善；

d）必要时应对规范和标准进行补充、完善。

4）对质量问题责任单位和责任人进行处理。对质量问题责任单位和责任人的处理原则如下：

a）应严肃对待造成质量问题的管理原因，从中吸取教训，强化相关人员的质量意识，组织对有关标准、法规和技术文件的宣传和培训；

b）对确属重复性和人为责任质量问题的责任单位和责任人，以及弄虚作假、隐瞒不报的责任单位和责任人，应按照责任和影响的大小，按规定给予行政和（或）经济处罚。

5）归零措施的跟踪验证和确认。责任单位质量管理部门对归零措施落实情况进行跟踪检查。

第3章　航天型号嵌入式软件测试要求

航天型号软件测试是一个贯穿于整个软件研制过程的系统工程，测试工作的启动在某些软件研制单位甚至能够前置到需求分析和系统设计阶段，而在大多数型号研制单位，软件测试工作一般是在编码完成之后或软件产品交付运行之前进行的。为确保软件质量，目前已颁布实施了一系列软件测试管理要求相关的国家标准，对软件测试阶段、测试过程、测试级别、测试类型、测试文档等进行了标准化、规范化的约束，嵌入式软件的测试同样需要满足这一系列相关标准的约束和要求。

本章主要从嵌入式软件测试的一般要求、详细要求、测试文档的技术要点三方面对航天型号嵌入式软件的测试要求进行系统介绍。

3.1　一般要求

3.1.1　软件测试目的

软件测试目的如下：

1）验证软件是否满足规定的各项要求。

2）发现并排除软件中潜藏的各种缺陷。

3）为软件质量的评价与控制提供依据。

3.1.2　软件测试阶段

软件测试阶段一般分为：

1）单元测试阶段。

2）部件测试阶段。

3）配置项测试阶段。

4）软硬件集成测试阶段。

5）系统测试阶段。

3.1.3　第三方测试

对重要的软件开展第三方测试，第三方测试启动的条件是：软件应已通过研制过程的内部测试（单元测试、单元集成和测试、配置项测试）、软件技术状态已固化、软件相关文件资料齐全、符合规范、形成可供测试的固化版本。

3.1.4　软件测试方法和类型

软件测试技术的理论在不断研究发展中，软件测试方法和类型有多种分类，如图 3－1 所示。

根据是否需要内部信息	根据是否运行软件	根据开发的阶段	根据软件质量特性
• 白盒测试 • 黑盒测试	• 静态测试 • 动态测试	• 单元测试 • 单元集成和测试 • 配置项测试 • 软硬件集成和测试 • 系统联试	• 功能性测试 • 效率测试 • 可靠性测试 • 易用性测试 • 可维护性测试 • 可移植性测试

图 3－1　软件测试方法和类型分类

软件测试方法、测试类型及选取要求如下：

1）软件测试方法一般分为静态测试和动态测试，其中动态测试又分为动态白盒测试和动态黑盒测试。

2）软件测试类型：

a）软件静态测试的测试类型一般包括文档审查、代码审查、代码走查、静态分析、编程准则检查；

b）软件动态测试的测试类型一般包括功能测试、性能测试、接口测试、容量测试、余量测试、强度测试、边界测试、人机交互界面测试、安全性测试、恢复性测试、数据处理测试、安装性测试、互操作性测试、逻辑测试、敏感性测试、标准符合性测试、兼容性测试、中文本地化测试、可靠性测试。

3）软件测试方法和测试类型的选取，应结合软件的具体特点针对性地选取，选取结果应在软件测试计划中予以明确说明并通过评审认可。

3.1.5　软件测试活动

软件测试过程中应开展如下活动：

1）测试策划活动：

a）确定测试内容；

b）确定测试方法；

c）确定测试类型；

d）确定测试进度；

e）确定人员安排。

2）测试设计活动：

a）选择测试工具；

b）建立测试环境；

c）设计测试用例。

3）测试执行活动：

a）开展静态测试；

b）执行测试用例；

c）记录测试结果；

d）分析测试结果；

e）发现软件问题。

4）回归测试活动：

a）修改软件问题；

b）重新测试验证。

5）测试总结活动：

a）完成测试总结；

b）形成测试报告。

上述软件测试活动应按软件工程化要求纳入到相应的测试过程之中，测试活动的结果纳入相应的测试文档之中。

3.2 详细要求

3.2.1 单元测试阶段

单元测试的具体要求如下：

1）应采用静态测试和动态白盒测试的测试方法开展单元测试。

2）静态测试包括代码审查、静态分析、编程准则检查。

3）一般应在动态测试前开展静态测试，在解决完静态测试发现的问题后再进行动态测试。

4）单元测试覆盖率要求如下：

a）A、B级软件单元的语句覆盖率和分支覆盖率应达到100%；

b）A级软件的关键单元的MC/DC覆盖率应达到100%；

c）C、D级软件的关键单元的语句覆盖率和分支覆盖率应达到100%；

d）依据型号可靠性、安全性的特殊要求开展目标码覆盖测试。

5）应编写单元测试报告。

3.2.2 部件测试阶段

部件测试有时也称为集成测试，具体要求如下：

1）应采用静态测试和动态测试的测试方法开展部件测试，动态测试通常既包括动态白盒测试也包括动态黑盒测试；

2）静态测试包括代码审查、静态分析；

3）一般应在动态测试前开展静态测试，在解决完静态测试发现的问题后再进行动态测试；

4）部件测试可以采用自上而下或自下而上或三明治方式开展测试，应选择适合软件部件特点的方式开展测试工作；

5）参与部件测试的所有单元都是通过单元测试的单元；

6）部件测试覆盖率要求：调用对覆盖率应达到100%；

7）应编写部件测试报告。

3.2.3 配置项测试阶段

配置项测试的具体要求如下：

1）应采用静态测试和动态测试的测试方法开展配置项测试，一般采用动态黑盒测试，但鼓励在条件允许的情况下采用动态白盒测试。

2）静态测试应开展静态分析。

3）一般应在动态测试前开展静态测试，在解决完静态测试发现的问题后再进行动态测试。

4）建立动态测试环境，应分析并保证测试环境的有效性。

5）编写测试计划，确认测试环境，安排测试进度，测试计划应依据需求规格说明确定出软件测试项。

6）编写测试说明，确定测试方法，选定测试类型，测试说明应依据测试计划及相关软件文档设计测试用例。

7）动态测试类型的要求如下：

a）所有软件都至少应包括功能测试、性能测试、接口测试；

b）A、B级软件至少应包括安全性测试、余量测试、边界测试。

8）动态测试中应客观、准确、详实地记录测试结果，鼓励利用数据采集设备或工具记录测试结果。

9）对测试结果应进行认真分析，针对发现的问题修改软件后应进行回归测试。

10）编写测试报告，概述测试过程，说明测试结果，应依据测试结果给出软件是否满足需求规格说明所有要求的明确结论。

11）A、B级软件的测试报告应进行评审，并形成评审结论。

3.2.4 软硬件集成测试阶段

针对嵌入式软件，软硬件集成测试的具体要求如下：

1）将软件纳入所属设备中进行测试，重点是测试软件与硬件的协调性、匹配性；

2）软硬件集成测试依据实际具体情况，可与配置项测试合并，或与系统测试合并，并将测试结果纳入到相应的测试报告之中；

3）对独立进行的软硬件集成测试，应编写软硬件集成测试报告。

3.2.5 系统测试阶段

系统测试的具体要求如下：

1）系统测试的文档依据为系统/子系统规格说明、接口规格说明和软件研制任务书；

2）应编写系统测试计划（系统测试大纲）和系统测试说明（系统测试细则），并进行评审；

3）系统测试由系统设计人员负责，软件人员参与；

4）参加系统测试的软件应出自受控库；

5）对系统测试中发现的软件问题及问题处理，应强化配置管理；

6）在系统测试中发生更改的软件，应升级版本并进行回归测试；

7）编写系统测试报告；

8）系统测试报告应进行评审，并形成评审结论。

3.3 测试文档的技术要点

3.3.1 单元测试报告

单元测试报告应包含如下的技术要点：

1）说明测试工具的名称和版本，以及测试环境配置；

2）列表说明进行了单元测试的所有程序模块清单；

3）列表说明每一被测试单元的所有测试用例清单；

4）列表说明每一被测试单元所达到的累计覆盖率指标，如语句累计覆盖率、分支累计覆盖率等；

5）对覆盖率指标未满足要求的单元应予以解释说明；

6）统计进行了单元测试的程序模块占软件总程序模块的百分比，并对未进行单元测试的程序模块进行原因分析和解释说明；

7）统计其他有助于测试充分性评价的相关信息，如软件规模、模块总数、模块规模、模块圈复杂度、模块扇入扇出数等；

8）给出被测单元是否满足详细设计要求的结论。

3.3.2 部件测试报告

部件测试报告应包含如下的技术要点：

1）说明测试工具的名称和版本，以及测试环境配置；

2）列表说明进行了部件测试的所有软件部件清单；

3）列表说明每一被测试部件的所有测试用例清单；

4）列表说明每一被测试部件所达到的累计调用对覆盖率；

5）对未测或覆盖率指标未满足要求的部件应予以解释说明；

6）给出被测部件是否满足概要设计要求的结论。

3.3.3　软件配置项测试计划

软件配置项测试计划应包含如下的技术要点：

1）明确软件配置项的测试环境，图示测试环境的组成及互联关系，列表说明所使用的硬件项和软件项；

2）说明软件配置项测试的测试方法和测试类型，测试类型主要包括功能测试、性能测试、接口测试、强度测试、余量测试、安全性测试、人机交互界面测试等；

3）依据软件需求规格说明定义软件测试项，包括定义测试项的标识、软件需求追溯关系、测试需求内容描述等；

4）对测试进度、测试过程进行要求；

5）软件配置项测试计划中的所有测试项应对软件需求规格说明进行追溯，软件需求规格说明中的所有要求应有相应的测试项与之对应。

3.3.4　软件配置项测试说明

软件配置项测试说明应包含如下的技术要点：

1）依据软件配置项测试计划定义的软件测试项，设计软件测试用例。通常针对一个测试项可以设计多个测试用例予以测试；

2）通过列表方式按测试类型归类，列出测试用例的清单，包括测试用例标识、测试用例内容、测试计划追溯关系等；

3）给出所有测试用例的具体详细设计内容；

4）给出测试用例具体详细设计内容的技术要点：用例标识、测试内容、测试类型、追溯关系、前提约束、测试输入、测试步骤、预期结果、评估准则、测试环境等；

5）软件配置项测试说明中的所有测试用例应对软件配置项测试计划进行追溯，软件配置项测试计划中的所有测试项应有相应的测试用例与之对应。

3.3.5　软件配置项测试报告

软件配置项测试报告应包含如下的技术要点：

1）列表说明软件配置项测试说明中所有测试用例的测试结果，明确给出通过、未通过、未执行的测试结果结论；

2）对未执行的测试用例进行原因分析和解释说明，并说明通过何种替代手段进行的辅助验证，以及相应的风险分析；

3）对未通过的测试用例进行原因分析和解释说明，并说明软件问题的具体修改措施，以及修改后的回归测试结果；

4）明确软件配置项测试的最终结论：软件经测试或回归测试后，执行的测试用例是否全部通过，因特殊原因未执行的测试用例是否采用了其他手段得到了辅助验证，是否有遗留问题，软件是否已满足软件需求规格说明中的所有要求，是否还有需要系统级测试中特别补充验证的内容；

5）对通过软件配置项测试的软件确定软件版本；

6）给出所有测试用例的执行记录。

3.3.6 软硬件集成测试报告

软硬件集成测试报告应包含如下的技术要点：

1）明确软硬件集成测试的测试环境，特别是硬件设备的技术状态；

2）说明选取的配置项测试中的测试用例子集；

3）说明相对于配置项测试而补充的测试用例；

4）其他技术要点与配置项测试报告的技术要点基本相同。

3.3.7 系统测试报告

系统测试报告应包含如下的技术要点：

1）说明所属系统的组成，包括硬件设备和软件产品，并说明系统测试环境与真实环境的差异；

2）说明系统测试的测试结果，包括系统测试中发现的软件问题及解决情况；

3）说明系统测试过程中的各软件版本变化情况，明确通过系统测试的各软件版本；

4）针对软件研制任务书中规定的技术指标要求，形成技术指标实现情况对照表；

5）给出软件是否满足系统/子系统规格说明、接口规格说明和软件研制任务书的测试结论；

6）其他技术要点与配置项测试报告的技术要点基本相同。

第4章　航天型号嵌入式软件测试技术

航天型号嵌入式软件测试技术主要分为静态测试技术和动态测试技术，如图4-1所示。

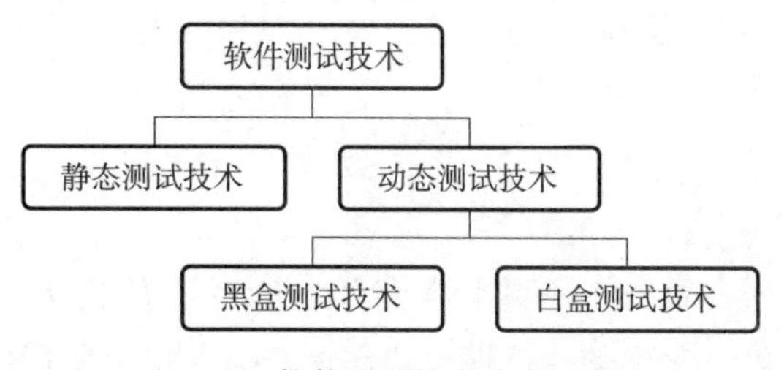

图4-1　软件测试技术分类示意图

嵌入式软件大多运行在特定的硬件系统上，与用户特有的外部环境密切相关，软硬件接口非常复杂，测试结果容易受硬件特性以及外部事件的产生顺序和时间的影响，这使得嵌入式软件的测试相对于其他软件来说，在测试环境搭建、测试用例设计、测试执行上更具难度。航天型号的嵌入式软件测试相比其他嵌入式软件在实时性和对异常的保护上要求更加苛刻，因此，在软件测试的不同阶段会使用不同的测试环境、测试方法对软件满足系统需求的能力进行分层次的验证，保证其测试充分性满足要求。

本章主要从静态测试方法、动态测试方法、测试工具、测试环境这四个方面结合实践经验对航天型号嵌入式软件常用的测试技术进行简要介绍。

4.1　静态测试方法

静态测试方法一般包括文档审查、代码审查、代码走查和静态分析，如图4-2所示。

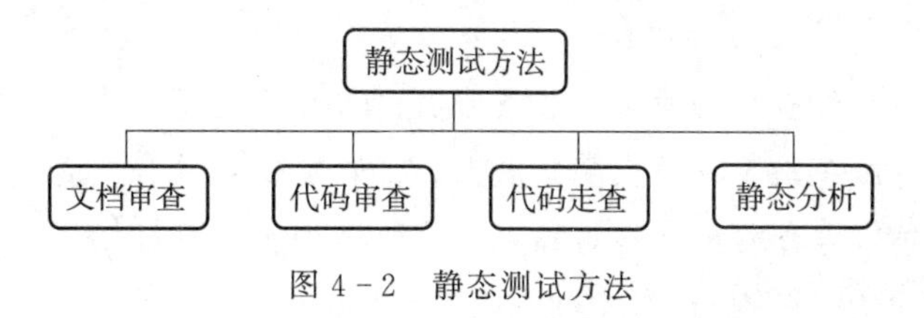

图4-2　静态测试方法

静态测试不必动态地运行程序，无需特定条件，容易开展，主要依靠测试人员的能力。对文档的静态测试方法主要是以检查单的形式进行，对代码的静态测试方法一般采用代码审查、代码走查和静态分析。

4.1.1 文档审查

文档审查是对委托方提交文档的完整性、一致性和准确性所进行的检查。文档审查应确定审查所用的检查单，为适应不同的文档审查，需要用不同的检查单，检查单的设计和采用应经过评审并得到委托方的确认。

对航天型号嵌入式软件文档的静态测试方法主要是以检查单的形式进行。比如对文档共性要求，主要审查齐套性、完整性、准确性、一致性、规范性等，对研制任务书主要审查功能、性能、输入/输出、数据处理要求、接口等章节的描述是否具体、完备、合理、精确、定量化等。

4.1.2 代码审查

代码审查是检查代码和设计的一致性、代码执行标准的情况、代码逻辑表达的正确性、代码结构的合理性以及代码的可读性。代码审查应根据所使用的语言和编码规范确定审查所用的检查单，检查单的设计和采用应经过评审并得到委托方的确认。

在代码审查中，依据被测软件的设计文档，审查程序代码的一致性、合理性和正确性，对发现的问题进行分析和确认。

代码审查的方法和过程如下：

1）根据被测软件编程语言及相关编程约定确定代码检查单的内容，对静态分析中发现的问题在代码审查中重点确认，防止误报；

2）依据被测软件文档和代码审查单，对代码进行审查并填写代码审查记录单；

3）对代码审查过程中发现的问题，填写“软件问题报告单”。

制定代码检查单的目的是为了引起系统对重要问题的注意，并管理各重要方面的认证或者评价，同时确保各项内容的全面覆盖且明确了具体的要求。代码检查单的许多问题具有普遍性，代码检查单的使用关键取决于工程师选择和应用检查单的专门知识和判断能力。

4.1.3 代码走查

代码走查是走查小组选择针对程序的测试用例集，设定代表性的输入和预期的输出，然后通过人工运行程序逻辑手动给出测试数据。代码走查应具有代码走查执行单，执行单中应明确想定输入条件和走查出的执行结果。代码走查属于测试用例模拟执行范畴，不应以代码审查结果作为代码走查结果。

工程实践中一般对于软件测试环境不支持的动态测试用例，采用代码走查的方法辅助验证。

4.1.4 静态分析

静态分析是一种对代码的机械性的和程序化的特性分析方法。静态分析一般需进行静态结构分析、质量度量和编程规则检查。

4.1.4.1 静态结构分析

静态结构分析一般包括控制流分析、数据流分析、接口分析和表达式分析。

航天型号嵌入式软件一般采用结构化（或面向对象）编程方法，对程序进行结构分析，是航天型号嵌入式软件开展静态分析工作的第一步。

结构化开发方法是现有软件开发方法中最成熟、应用最广泛的方法，主要特点是快速、自然和方便。结构化开发方法由结构化分析方法（SA法）、结构化设计方法（SD法）和结构化程序设计方法（SP法）构成。结构化分析方法（SA法）是一种建模的活动，主要是根据软件内部的数据传递、变换关系，自顶向下逐层分解，描绘出满足功能要求的软件模型。结构化分析的基本思想是“分解”和“抽象”。分解是指对于一个复杂的系统，为了将复杂性降低到可以掌握的程度，可以把大问题分解为若干小问题，然后分别解决。抽象是指分解可以分层进行，即先考虑问题最本质的属性，暂把细节略去，以后再逐层添加细节，直至涉及最详细的内容，这种用最本质的属性表示一个系统的方法就是抽象。

对复杂的航天型号嵌入式软件，使用结构化分析方法（SA法）和工具，可以导出软件调用层次、逻辑关系图。借助SA法的描述工具（分层的控制流图、数据词典、描述加工逻辑的结构化语言、判定表或判定树），逐步分解、抽象成测试人员可以理解的逻辑模型，为后续的基于结构的逻辑覆盖测试、控制流分析、数据流分析、接口分析等奠定基础。

（1）控制流分析

程序控制流是指程序（组件或单元）或系统中的一系列顺序发生的事件或路径，测试对象的控制流通常通过控制流图来直观表达。

程序控制流分析技术是基于控制流程图中的事件或路径而展开的，通过对程序控制流的分析，可提供测试对象的逻辑判点和其结构复杂性的信息。对程序控制流进行分析是静态测试技术之一。对被测对象的程序控制流分析是基于结构的测试方法的基础，通常基于结构的测试技术也称为白盒测试。控制流分析是程序代码静态分析方法中的重要手段，运用该技术可发现软件的缺陷、错误或异常。

通常程序控制流程图不完全是通过手工绘制而生成，而是需要通过相关的静态分析工具来支持。这里，为建立控制流分析方法的概念并说明原理，通过手工绘制流程图。

①程序控制流程图概念

1）控制流程图。

控制流程图是程序结构的反映，描绘了测试对象的程序逻辑控制结构。基于结构的测试中，测试设计为了突出检查程序的控制结构，首先将测试对象的程序代码转换为相应的控制流程图，即将程序流程图转换为程序控制流程图，只保留流程图中节点和判断，忽略程序过程块。

2）控制流程图构成。

控制流程图由过程块、决策点、控制流线和汇聚点4个元素构成。

过程块（也称节点）是从开始到结束按照顺序执行的一系列程序语句或代码，除了在开始处没有其他入口可进入。同样，在结束处没有其他出口可离开过程块（节点）。一旦过程块被触发，其中每个语句都会按顺序执行。过程块在控制流程图中是以一个圆圈（或缩为一个点）、一个入口箭头和出口箭头表示。归纳这段描述，图中每个圆圈表示一个或多个无分支的 PDL（程序设计语言）语句或源程序代码。

决策点指的是测试对象中的一个点，在此点上控制流选择的方向发生变化，决策点一般是以分支形式存在。通过 if - then - else 语句实行，多路径决策点一般通过 case 语句实行。决策点是以一个圆圈、一个入口和多个出口点表示。包含条件的节点称为判定节点。

汇聚点指的是测试对象中的一个点，但与决策点相反，在汇聚点上不同流的选择方向在此汇聚。

边和节点限定的区域称为域。

通常，程序的语句及结构，可依据图 4 - 3 所示的图形元素进行转换。

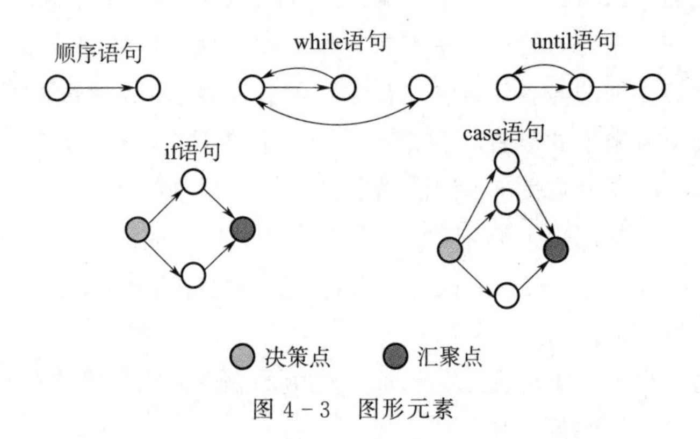

图 4 - 3 图形元素

3）一个程序结构就有一个对应的程序控制流程图。

下面通过实例来讲解将程序流程图转换为控制流程图的方法。

根据上述控制流程图的构成元素和程序转换原则，程序流程图可映射（转换）为程序控制流程图，如图 4 - 4 所示。图中，1，3，6 为决策点，9，10 为汇聚点，a，b，c，……，j，k 为边，由边和节点所限定的 4 个区域（图的外部作为一个域）。

当程序中存在复合条件时，或一个条件语句中存在一个或多个布尔变量运算符（OR、AND、NOR）时，复合条件即出现，此时需分解为单条件，如图 4 - 5 所示。

控制流程图也可用矩阵形式来表示。

矩阵的维数等于控制流程图节点数，列与行对应于标识的节点，矩阵每个元素对应于节点连接的边。

②控制流分析的测试运用

1）独立程序路径。

独立程序路径是指任何贯穿程序的、至少引入一组新语句（处理语句或条件语句）的路径。当按照流程图描述时，独立路径必须沿着至少一条边移动。且这条边在定义该路径之前未被遍历。如图 4 - 4 所示的程序控制流程图的一组独立路径如下：

路径 1：1 - 11。

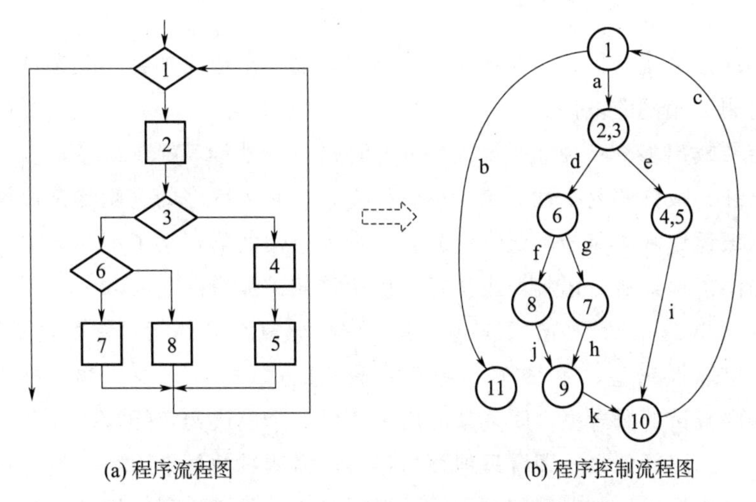

(a) 程序流程图　(b) 程序控制流程图

图 4-4　程序流程图映射为程序控制流程图

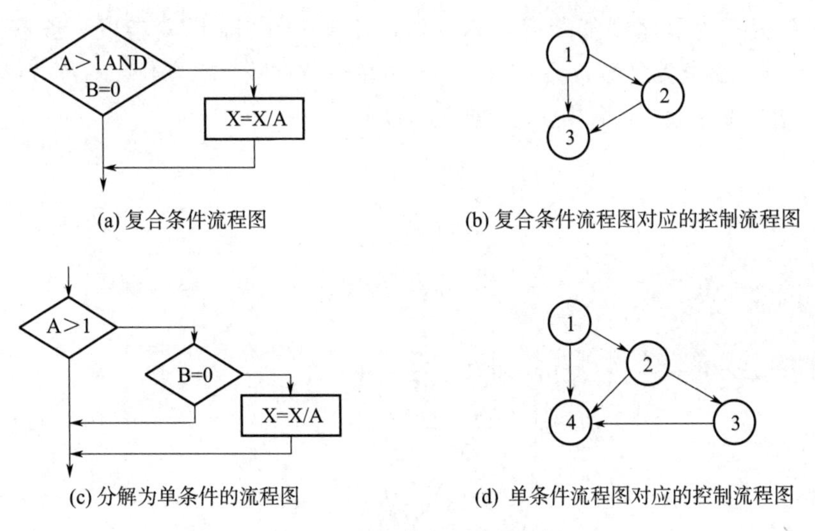

(a) 复合条件流程图　(b) 复合条件流程图对应的控制流程图

(c) 分解为单条件的流程图　(d) 单条件流程图对应的控制流程图

图 4-5　复合条件的分解示例

路径 2：1-2-3-4-5-10-1-11。

路径 3：1-2-3-6-8-9-10-1-11。

路径 4：1-2-3-6-7-9-10-1-11。

除此之外，任何新的路径都会引入一条新边，如路径：1-2-3-4-5-10-1-2-3-6-8-9-10-1-11，不是一条独立路径。通俗的说，独立路径不与程序其他路径完全重叠。

若设计测试（用例）以强迫执行基本路径集合，则可以保证程序中的每条语句至少执行一次，且每个条件的取真、假都被执行。基本集合并不唯一。对给定的过程设计，可导出不同的基本集合。

2）测试运用。

进行程序的控制流分析，能获得程序的路径，度量了程序的结构复杂性，进而可以获得准确的确定测试用例的设计。

如何知道要找出多少路径才是最完备的？环形复杂性计算提供了答案。

环形复杂性（或称圈复杂性）是一种软件度量，它为程序的逻辑复杂性提供了一个量化测度。当测试运用基本路径测试方法时，环形复杂性的值定义了程序基本集合中的独立路径数，并提供了保证所有语句至少执行一次所需测试数量的上限。

圈复杂度（Cyclomatic Complexity）是一种代码复杂度的衡量标准，圈复杂度越大，程序越复杂，可靠性越差，在 1976 年由 Thomas J. McCabe，Sr. 提出，称为 McCabe 圈复杂度。在软件测试的概念里，圈复杂度用来衡量一个模块判定结构的复杂程度，数量上表现为线性无关的路径条数，即合理地预防错误所需测试的最小路径条数。圈复杂度大说明程序代码可能质量低且难以测试和维护，根据经验，程序的可能错误和圈复杂度有着很大关系。

图 4-6 所示为程序圈复杂度计算示例，计算 McCabe 圈复杂度一般有三种方法：1）$V(G)$＝线性独立路径数；2）$V(G)$＝边数－节点数＋2；3）$V(G)$＝区域数。在图 4-6 中，有 12 条边，9 个节点，因此 $V(G)=12-9+2=5$。

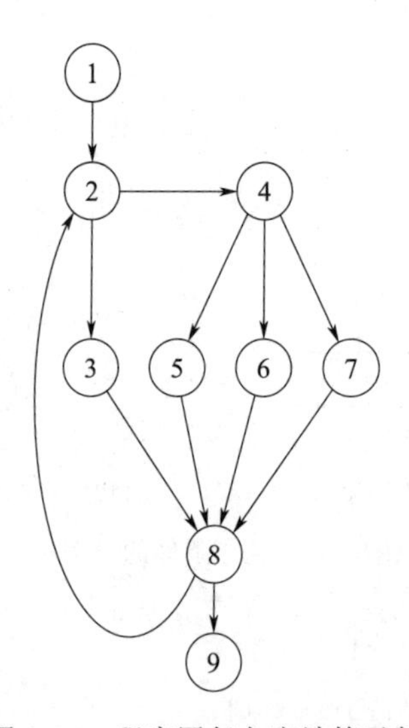

图 4-6 程序圈复杂度计算示例

3）控制流分析出的软件问题。

通过控制流分析可发现的软件问题有：无条件跳转（GOTO 语句）的使用、不适当的循环嵌套和分支嵌套、死循环、转向不存在的语句标号、调用不存在的子程序、未使用的变量和子程序、不可达到的语句等。

如图 4-7 所示，节点 n_{i+4} 属于不可达节点，这可能是一个未被调用的函数。

如图 4-8 所示，n_{i+1}、n_{i+2} 之间的执行就是死循环语句。

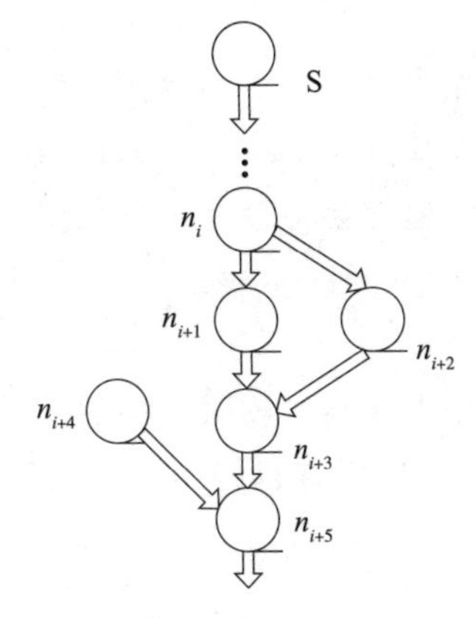

图 4－7 控制流程图中的不可达节点

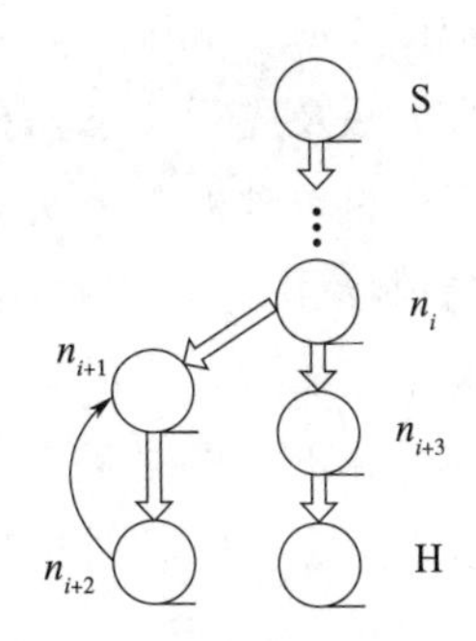

图 4－8 控制流程图中的死循环

(2) 数据流分析

对代码进行静态分析过程中，数据流分析占有举足轻重的作用，很多重要的问题，如不可达语句、变量未初始化、数组越界等都是基于数据流分析结果发现的。

代码的数据流分析，是对一段代码从起点到终点数据流动的全过程分析。在数据流动的过程中，可能会出现数据定值，也可能会出现数据引用。同时，由于代码中可能会出现多种分支语句，因此从起点出发会产生一条或者多条路径，每条路径中由多个节点组成，每个节点对应相应的约束条件，除此之外，每个节点对应着到达该节点之前所有变量的最终结果，可称之为数据切片。随着路径的长度增长，约束条件不断积累，在到达终点之前，如果约束条件的取值为假，则路径终止，此路径为不完整路径；反之如果顺利到达终点，则此路径为完整路径。

在代码数据流分析的过程中，难点在以下三方面：

1）数据的变化会随着路径的长度不断积累；

2）分支条件要随着路径的增长不断积累，并且路径上每增加一个分支点，都要在路径中最新的数据分析结果的基础上计算分支条件的值；

3）路径数通常随着代码规模的增长以几何级的速度增长，包括数据变化的累积和分支条件的累积。

因此在进行代码中数据流分析时，除了解基本的数据流分析方法外，还需掌握循环结构的数据流分析方法和函数调用的数据流分析方法。

①普通的数据流分析方法

对没有循环代码和函数调用的代码段，普通的数据流分析方法一般包括变量应用分析、构建块图、建立控制流图、遍历路径等几个步骤。

1）变量应用分析。

在语法分析的基础上，对在代码中发生定值及引用的语句进行分析，并将定值及引用的变量及其具体值按照发生的顺序进行记录。需要注意的是，一定要按照顺序记录，因为不同的顺序会产生不同的数据结果。

2）构建块图。

在词法分析、语法分析的基础上，以代码段起始点为根节点，分析代码段中各分支语句如 if、else if、for、while、case……等分支语句以及 break、exit、return……等强制转向语句的层次关系及先后关系，从而构建成一颗树，通常会将带有函数调用的语句处理为普通语句，不作为单独的一个块来处理。

3）建立控制流图。

在块树构建完成后，从根节点开始，以根节点作为源点，按照子块的先后顺序及层次关系对子块进行分析，根据每个子块的具体类型建立其所有目标节点，所有块分析完毕后，将会构建成特定代码段的控制流图。

4）遍历路径。

从控制流图的源点开始，使用深度优先搜索遍历图中所有路径，路径边上面的变量应用都要记录到数据切片上。以最新的数据切片为基础，在遍历的过程中不断计算各节点累积约束条件的逻辑值，计算并记录下每个节点对应的最新的数据切片，获取所关注的数据流分析结果。

②循环结构的数据流分析方法

要对循环结构进行正确的数据流分析，前提是正确地绘制 for、while、do、break、continue 等循环相关块的控制流图。

如果循环的入口条件表达式是可计算的，或者循环中的跳出语句的约束条件集合是可求值的，则循环为正常结束循环。在数据流分析过程中，为了避免无意义的循环导致路径的无限延长，循环结构通常会设定一个阈值，如果不是正常结束循环，当循环次数超过阈值后，强制令循环终止，这样的循环称为强制结束循环。下面分别介绍正常结束循环和强制结束循环两种情况下的数据流分析方法。

1）正常结束循环。

如果循环是正常结束循环，那么就按照正常的数据流分析即可。相较于普通的数据流分析方法，所不同的就是路径随着循环次数的增加不断延长，直至循环结束。

2）强制结束循环。

由于循环被强制结束，所以每条路径的最新数据切片、约束条件集合都是不准确的。理论上说，循环相关的语句都不能够进行正确的数据流分析，包括循环中的语句和循环后的语句。通过对循环结构内部的数据分析，能够获取循环内部数值可能会发生变化的变量集合，这个集合可以看成是当前强制结束循环所造成的数据结果。在路径遍历过程中，如果到达了循环相关语句中的分支语句，暂时认为其不存在，对分支语句的分支条件进行变量分析，如果该条件中使用了循环内部的定值集合中的变量，则认为其可取任意值，不进行分支条件的数值检测，所有分支路径都遍历。如果该条件中没有使用循环内部的定值集合中的变量，则进行正常的数据流分析。如此，能够对强制结束循环的循环相关语句中的相当一部分进行必要的数据流分析。

③函数调用的数据流分析方法

使用“插队”法可以实现函数调用的数据流分析，“插队”法是对一般数据流分析方法的改进，经过改进后，能够完成对包含函数调用的代码段进行正确高效的数据流分析。

首先，在构建块树阶段，要将函数调用语句作为一个独立的块处理，由于某些分支语句中会存在函数调用，为了避免重复，要在获取其他类型的子块完成后再获取函数调用子块，如果函数调用语句同其他类型的子块入口语句重合，则不作为函数调用子块。

其次，在建立控制流图过程中，如果遇到函数调用子块，将其作为一个普通的节点正常承转。

最后，在遍历路径阶段，遇到函数调用节点，要通过“插队”来实现对函数调用语句的正确的数据流分析。具体要经过子函数数据流分析、插队两个主要步骤来完成。

1）子函数数据流分析。

在深度优先搜索遍历路径过程中，如果遇到函数调用节点，需要获取当前节点所对应的具体语句内容，继而对其进行表达式分析。当分析到函数调用时，如果是自定义函数，需要对参数列表进行表达式分析，在分析的过程中要应用当前路径中的最新的数据切片，分析完成后将会获得实参数据列表。接着以实参作为基础数据，以累积的约束条件为基础约束条件，以子函数的起始点为数据流的起点，子函数每个返回语句作为数据流的终点，对子函数进行数据流分析，分析过程同样是具有“插队”功能的数据流分析方法。子函数数据流分析的结果是返回值集合，每条路径都对应一个返回值，每个返回值也同一个约束条件集相关联，同时，每个返回值都同其所属路径的最终数据切片相关联。对于纯粹的过程调用，返回值虽不存在，但每条路径都对应一个最终的约束条件集和最终的数据切片，返回值对应的最终数据切片中应该剔除掉局部变量，仅保留全局变量及输出参数的数据切片。子函数数据流分析完成后，分别按照每条路径的返回值、约束条件集、最终数据切片继续进行函数调用语句的表达式分析，分析的结果是表达式取值集合，集合中每个表达式取值都对应一组约束条件以及相应的数据切片。如果表达式中存在多个函数调用，要在表达式分析的过程中利用乘法原理对其进行组合，构成完整的表达式取值集合。

2）“插队”。

完成子函数数据流分析且完成函数调用语句的表达式分析后，遍历表达式取值集合，分别以表达式取值集合中的每个元素为当前节点的目标节点，插队进入到当前路径中，同时，将元素的数据切片同本函数当前路径中的最新数据切片相整合，相应的约束条件也要进行整合，构成新的数据切片和新的约束条件集。继续在新的控制流图中进行路径遍历，直至完成。在路径中其他类型的节点对应的语句中如果有函数调用，也要先在表达式分析的过程中进行子函数的数据流分析及相应的表达式分析，获取相应的表达式取值集合，继而进行插队，插队完成后，继续在新的控制流图中完成路径的遍历。

④数据流分析方法应用示例

数据操作类型：

d（define）——定义、建立、设立等（显示定值）。

k（kill）——消除、释放、无定义等。

u（use）——使用（用于计算、控制流判定等）。

数据流异常，操作序列中相邻的连续操作不合理有以下几种情况：

dd——可能无害，但可疑。为什么两次定义？

dk——可能是一个错误。为什么定义而不使用？

ku——错误，当对象无定义时，逻辑上的意义不存在。

kk——无害但可能是一个错误，如重复释放一块内存。

下段代码经过数据流分析，变量 y 在第 6 行进行了引用，但是之前未被定义，属于 ku 问题。变量 x 在第 4 行与第 5 行均进行了定义，属于 dd 问题。变量 z 在第 9 行进行了定义，但是未被引用，因此属于 dk 问题。

```
1     void proc ()
2      {
3          int x, y, z, t;
4          x = 1;
5          x = 3;
6          if (y > 0)
7              x = 2;
8              /* end if */
9          z = x + 1;
10     }
```

（3）接口分析

接口分析涉及子程序以及函数之间的接口一致性，通常包括以下内容：检查形参与实参类型、个数、维数、顺序的一致性；当子程序之间的数据或控制传递使用公共变量块或全局变量时，也应检查它们的一致性。

（4）表达式分析

表达式分析用于检查程序代码中的表达式错误，如括号不配对、数组引用越界、除数为零，以及浮点数变量进行相等比较等错误。

1）禁止对浮点数进行是否相等的比较。

违背示例：

```
int main (void) {
        int i, j;
        int P = 1000;
        float d = 0.435;
        if (435 == (P * d))  //违背 1
```

```
        {
          i = 1;
        } else {
          i = 2;
        }
        if (435 ! = (P * d))  //违背 2
         {
          j = 1;
        } else {
          j = 2;
        }
        return (0);
    }
```

遵循示例：

```
#include <math.h>
    int main (void) {
        int i, j;
        int P = 1000;
        float d = 0.435;
        if (fabs (435 - (P * d) ) < 1e-4)   //遵循 1
        {
          i = 1;
        } else {
          i = 2;
        }
        if ( (435 >= (P * d) + 1e-4) | | (435 <= (P * d)
- 1e-4) )   //遵循 2
         {
          j = 1;
        } else {
          j = 2;
        }
        return (0);
    }
```

2）数组禁止越界使用。

违背示例：

```
void comp (int a [], int n) //n 为数组长度
    {
        int i;
        for (i = 0; i <= n; i++) //违背 1
         {
            a [i] = 0;
         }
    }
    int main (void)
    {
        int array [100];
        comp (array, 100);
        array [100] = 1;        //违背 2
        return (0);
    }
```

遵循示例：

```
void comp (int a [], int n) //n 为数组长度
{
    int i;
    for (i = 0; i < n; i++)    //遵循 1
        {
            a [i] = 0;
        }
}
int main (void)
{
        int array [100];
        comp (array, 100);
        array [99] = 1;        //遵循 2
        return (0);
}
```

4.1.4.2　质量度量

对程序进行结构分析可统计出程序的度量信息，程序基本度量信息一般包括程序规模、注释率、圈复杂度、扇入扇出数、全局变量数、多余模块等，简单的C语言程序度量具体内容见表4-1，C++语言程序度量具体内容见表4-2。

表 4-1　程序度量信息表（C 语言）

序号	名称	统计值			
1	.C 与 .CPP 源文件个数				
2	.H 头文件个数(不含系统文件)				
3	总行数(包括空行)				
4	总注释行数				
5	总注释率(总注释行/总行数)	%			
6	文件注释率小于 20%的比例	%			
7	文件注释率	最小值	%	最大值	%
8	模块数				
9	模块圈复杂度平均值				
10	模块圈复杂度最大值				
11	模块圈复杂度过大的比例	大于 10 的比例	%	大于 40 的比例	%
12	模块平均行数				
13	模块最大行数				
14	模块规模(大于 200 行)过大的比例	%			

表 4-2　程序度量信息表（C++语言）

序号	名称	统计值	
1	源文件总数		
2	头文件总数(不含系统文件)		
3	总行数		
4	总注释行数		
5	总注释率	%	
6	文件注释率小于 20% 的比例	%	
7	文件注释率	最小值:%	最大值:%
8	类个数		
9	根类个数		
10	最大子类数		
11	继承树深度	小于 3 的比例:%	大于 5 的比例:%
12	最大继承树深度		
13	内聚缺乏度	大于 50 的比例:%	大于 80 比例:%
14	类耦合度过大的比例	大于 10 的比例:%	大于 20 比例:%
15	类复杂度	最小值:	最大值:
16	类复杂度过大的比例	大于 10 的比例:%	大于 40 的比例:%
17	类自定义方法数	最小值:	最大值:
18	所有类自定义方法总数		

续表

序号	名称	统计值
19	函数总数	
20	函数圈复杂度平均值	
21	函数圈复杂度最大值	
22	函数圈复杂度过大的比例	大于 10 的比例：%
		大于 20 的比例：%
		大于 40 的比例：%
23	函数平均行	
24	函数最大行	
25	函数行大于 200 的比例	%

4.1.4.3　编程规则检查

编程规则检查是对软件语言使用情况的分析，C/C++语言使用应遵循 GJB 8114—2013《C/C++ 语言编程安全子集》的要求，参考的部分规则如表 4-3 和表 4-4 所示。

表 4-3　C 语言编程规则检查条款

序号	准则内容
1	禁止通过宏定义改变关键字和基本类型含义
2	禁止将其他标识宏定义为关键字和基本类型
3	用 typedef 自定义的类型禁止被重新定义
4	禁止重新定义 C 或 C++的关键字
5	禁止 #define 被重复定义
6	以函数形式定义的宏，参数和结果必须用括号括起来
7	结构、联合、枚举的定义中必须定义标识名
8	结构体定义中禁止含有无名结构体
9	位定义的有符号整型变量位长必须大于 1
10	位定义的整数型变量必须明确定义是有符号还是无符号的
11	函数声明中必须对参数类型进行声明，并带有变量名
12	函数声明必须与函数原型一致
13	函数中的参数必须使用类型声明
14	外部声明的变量，类型必须与定义一致
15	禁止在函数体内使用外部声明
16	数组定义禁止没有显式的边界限定
17	禁止使用 extern 声明对变量初始化
18	用于数值计算的字符型变量必须明确定义是有符号还是无符号
19	禁止在 #include 语句中使用绝对路径
20	禁止头文件重复包含

续表

序号	准则内容
21	函数参数表为空时，必须使用 void 明确说明
22	循环体必须用大括号括起来
23	if、else if、else 必须用大括号括起来
24	禁止在头文件前有可执行代码
25	引起二义性理解的逻辑表达式，必须使用括号显式说明优先级顺序
26	逻辑判别表达式中的运算项必须要使用括号
27	禁止嵌套注释
28	禁止指针的指针超过两级
29	禁止对参数指针进行赋值
30	禁止将局部变量地址作为函数返回值返回
31	禁止使用或释放未分配空间或已被释放的指针
32	动态分配的指针变量第一次使用前必须进行是否为 NULL 的判别
33	禁止文件指针在退出时没有关闭文件
34	在 if - else if 语句中必须使用 else 分支
35	条件判定分支如果为空，必须以单独一行的分号加注释进行明确说明
36	禁止使用空 switch 语句
37	禁止对 bool 量使用 switch 语句
38	禁止 switch 语句中只包含 default 语句
39	除枚举类型列举完全外，switch 必须要有 default
40	switch 中的 case 和 default 必须以 break 或 return 终止，共用 case 必须加以明确注释
41	switch 语句的所有分支必须具有相同的层次范围
42	禁止从复合语句外 goto 到复合语句内，或由下向上 goto
43	禁止使用 setjmp/longjmp
44	禁止将浮点常数赋给整型变量
45	禁止将越界整数赋给整型变量
46	禁止在逻辑表达式中使用赋值语句
47	禁止对逻辑表达式进行位运算
48	禁止在运算表达式中或函数调用参数中使用＋＋或－－操作符
49	对变量进行移位运算禁止超出变量长度
50	禁止移位操作中的移位数为负数
51	数组禁止越界使用
52	数组下标必须是大于等于零的整型数
53	禁止对常数值做逻辑非的运算
54	禁止非枚举类型变量使用枚举类型的值
55	除法运算中禁止被零除

续表

序号	准则内容
56	禁止在 sizeof 中使用赋值
57	缓存区读取操作禁止越界
58	缓存区写入操作禁止越界
59	禁止使用已被释放了的内存空间
60	禁止使用 gets 函数,应使用 fgets 函数替代
61	使用字符串赋值、拷贝、追加等函数时,禁止目标字符串存储空间越界
62	禁止覆盖标准函数库的函数
63	禁止函数的实参和形参类型不一致
64	实参与形参的个数必须一致
65	禁止使用旧形式的函数参数表定义形式
66	函数声明和函数定义中的参数类型必须一致
67	函数声明和函数定义中的返回类型必须一致
68	有返回值的函数必须通过返回语句返回
69	禁止无返回值函数的返回语句带有返回值
70	有返回值函数的返回语句必须带有返回值
71	函数返回值的类型必须与定义一致
72	具有返回值的函数,其返回值如果不被使用,调用时应有(void)说明
73	无返回值的函数,调用时禁止再用(void)重复说明
74	静态函数必须被使用
75	禁止同一个表达式中调用多个顺序相关函数
76	禁止在函数参数表中使用省略号
77	禁止使用直接或间接自调用函数
78	禁止不可达语句
79	禁止不可达分支
80	禁止使用无效语句
81	使用八进制数必须明确注释
82	数字类型后缀必须使用大写字母
83	for 循环控制变量必须使用局部变量
84	for 循环控制变量必须使用整数型变量
85	禁止在 for 循环体内部修改循环控制变量
86	无限循环必须使用 while(1)语句,禁止使用 for(;;)等其他形式的语句
87	浮点数变量赋给整型变量必须强制转换
88	长整数变量赋给短整数变量必须强制转换
89	double 型变量赋给 float 型变量必须强制转换
90	指针变量的赋值类型必须与指针变量类型一致

续表

序号	准则内容
91	将指针量赋予非指针变量或非指针量赋予指针变量，必须使用强制转换
92	禁止使用无实质作用的类型转换
93	变量禁止未赋值就使用
94	变量初始化禁止隐含依赖于系统的默认值
95	结构体初始化的嵌套结构必须与定义一致
96	枚举元素定义中的初始化必须完整
97	禁止对逻辑量进行大于或小于的逻辑比较
98	禁止对指针进行大于或小于的逻辑比较
99	禁止对浮点数进行是否相等的比较
100	禁止对无符号数进行大于等于零或小于零的比较
101	禁止无符号数与有符号数之间的直接比较
102	禁止局部变量与全局变量同名
103	禁止函数形参与全局变量同名
104	禁止变量名与函数名同名
105	禁止变量名与标识名同名
106	禁止变量名与枚举元素同名
107	禁止变量名与 typedef 自定义的类型名同名
108	禁止在内部块中重定义已有的变量名
109	禁止仅依赖大小写区分的变量
110	禁止单独使用小写字母“l”或大写字母“O”作为变量名
111	禁止在表达式中出现多个同一 volatile 类型变量的运算
112	禁止给无符号类型变量赋负值

表 4-4　C++语言专用编程规则检查条款

序号	准则内容
1	含有动态分配成员的类，必须编写拷贝构造函数，并重载赋值操作符
2	虚拟基类指针转换为派生类指针必须使用 dynamic_cast 转换
3	菱形层次结构的派生设计，对基类派生必须使用 virtual 说明
4	抽象类中的复制操作符重载必须是保护的或私有的
5	类中必须明确定义缺省构造函数
6	单参数构造函数必须使用 explicit 声明
7	类中所有成员变量必须在构造函数中初始化
8	派生类构造函数必须在初始化列表中说明直接基类构造函数
9	具有虚拟成员函数的类，析构函数必须是虚拟的

续表

序号	准则内容
10	析构函数中禁止存在不是由自身捕获处理的异常
11	基类虚拟函数的参数缺省值在派生类重写函数中禁止被改变
12	派生类对基类虚拟函数重写的声明必须使用 virtual 显示说明
13	禁止非纯虚函数被纯虚拟函数重写
14	使用 new 分配的内存空间,用完后必须使用 delete 释放
15	必须使用 delete[]释放 new[]分配的内存空间
16	函数中固定长度数组变量的传递必须使用引用方式
17	定义为 const 的成员函数禁止返回非 const 的指针或引用
18	禁止可导致非资源性对象数据被外部修改的成员函数返回
19	捕获的顺序必须按由派生类到基类的次序排序
20	每个指定的抛出必须有与之匹配的捕获
21	缺省捕获必须放在所有指定捕获之后
22	禁止显式直接抛出 NULL

4.2 动态测试方法

动态测试使用测试用例运行程序，取得程序运行的真实情况。动态测试的关键在选择测试用例，其设计生成测试用例、分析测试结果工作量大。根据历史经验，70%的软件缺陷在静态测试阶段就可以被发现，但是动态测试仍然是软件测试必需的一个测试方法。

动态测试方法主要包括黑盒测试和白盒测试。主要的黑盒测试技术如图 4-9 所示，主要的白盒测试技术如图 4-10 所示。

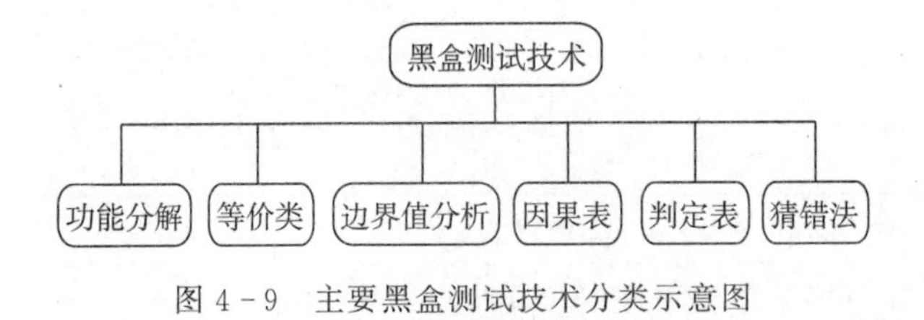

图 4-9 主要黑盒测试技术分类示意图

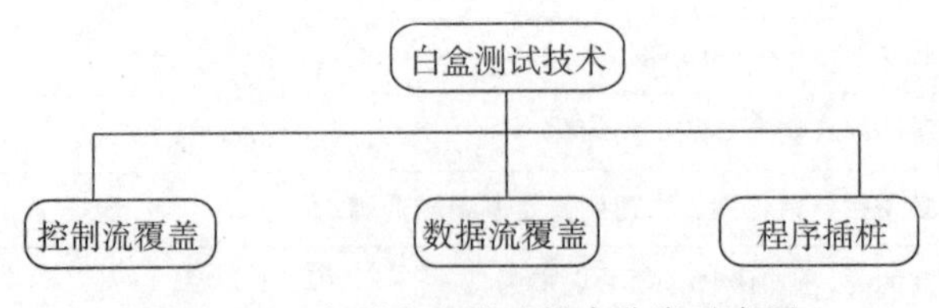

图 4-10 主要白盒测试技术分类示意图

4.2.1　白盒测试用例设计方法

白盒测试（White-box Testing）又称结构测试、逻辑测试或基于程序的测试。这种测试将被测对象看作一个打开的盒子，需要了解程序的内部构造。利用白盒测试技术进行动态测试时，除了要验证软件的功能特性之外，还特别需要测试软件产品的内部结构和处理过程，并根据内部构造设计测试用例，也叫玻璃盒测试。

白盒测试用例设计方法包括控制流覆盖（逻辑覆盖测试）、数据流覆盖和程序插桩法。控制流覆盖主要分为语句覆盖、条件覆盖、判定覆盖（分支覆盖）、修正的条件判定覆盖、路径覆盖，如图 4-11 所示。数据流覆盖分为全定义使用路径、全使用路径、全定义路径、数据流异常状态图，如图 4-12 所示。

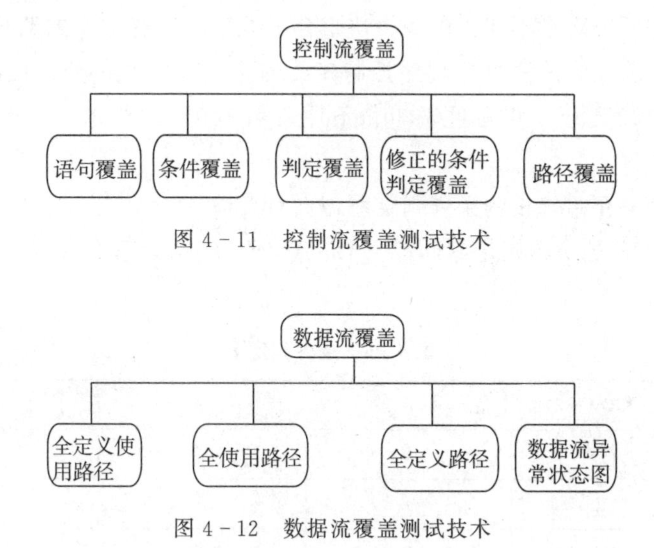

图 4-11　控制流覆盖测试技术

图 4-12　数据流覆盖测试技术

白盒测试执行时一般使用测试工具设计、采集、分析软件各种执行信息。

4.2.1.1　*逻辑覆盖测试法*

逻辑覆盖测试（Logic-coverage Testing）是以程序内部的逻辑结构为基础设计测试用例的方法。根据对程序内部逻辑结构的覆盖程度，逻辑覆盖法具有不同的覆盖标准：语句覆盖、判定覆盖、条件覆盖、判定/条件覆盖、条件组合覆盖和修正的条件判定覆盖、以及路径覆盖。

语句覆盖（Statement Coverage，SC）是指选择测试用例并执行，考察对软件语句的覆盖。

判定覆盖（Decision Coverage，DC）是指设计足够多的测试用例，使得程序中的每一个判断至少获得一次“真”和一次“假”，也即使得程序流程图中的每一个真假分支至少被执行一次。

条件覆盖（Condition Coverage，CC）是指设计足够多的测试用例，使得程序判定中每个条件的所有可能至少出现一次，但未必能覆盖全部分支。

判定/条件覆盖（Condition Decision Coverage，CDC）是使判定中每个条件的所有可能至少出现一次，并且每个判定本身的所有可能结果也至少出现一次。

条件组合覆盖（Multiple Condition Coverage，MCC）也称多条件覆盖，选择足够的测试用例，使得每个判定中条件的各种组合都至少出现一次。

修正的条件判定覆盖（Modified Condition/Decision Coverage，MC/DC）定义：

1）程序中每一个入口和出口都至少被执行一次。

2）程序中每一个条件的所有可能结果至少出现一次。

3）每个判定中的每一个条件必须能独立影响判定的结果，即在其他条件不变的情况下，仅改变这个条件的值，可使判定结果改变。

路径覆盖（Path Coverage，PC），函数入口到出口的所有可能的代码组合，有些程序路径数量惊人，主要缺陷是不相关的逻辑块组合出大量的没有意义的路径，由此引出基本路径测试法。基本路径测试法是在程序控制流图的基础上，通过分析控制的环路复杂性，导出基本可执行路径集合，并满足语句和条件覆盖100%的要求，从而设计测试用例的方法。

下面通过示例来介绍修正的条件判定覆盖（MC/DC）。

A and（B or C）是一个判定（Decision），A、B、C均为条件（Condition），其全部的条件组合见表4-5。

表4-5　条件判定表

测试用例	A	B	C	判定结果
1	T	T	T	T
2	T	T	F	T
3	T	F	T	T
4	T	F	F	F
5	F	T	T	F
6	F	T	F	F
7	F	F	T	F
8	F	F	F	F

注：T表示条件为真(TRUE)，F表示条件为假(FALSE)。

测试用例对（1、5），（2、6），（3、7）都可表明条件A独立地影响判定结果；测试用例对（2、4）可表明条件B独立地影响判定结果；测试用例对（3、4）可表明条件C独立地影响判定结果。因此，测试用例集（2、3、4、6）或（2、3、4、7）可满足对上述判定的修正的条件判定覆盖。

MD/DC测试集中的用例个数预估：如果条件个数为N，那么MC/DC测试集中至少包含测试用例的个数为$N+1$。

下面通过示例来介绍逻辑覆盖测试用例设计方法。

程序代码如下：

```
if ( (A>1) && (B=0) )
    X = X/A;
if ( (A=2) || (X>1) )
    X = X+1;
else
    exit ();
```

根据代码导出程序流程如图 4-13 所示。

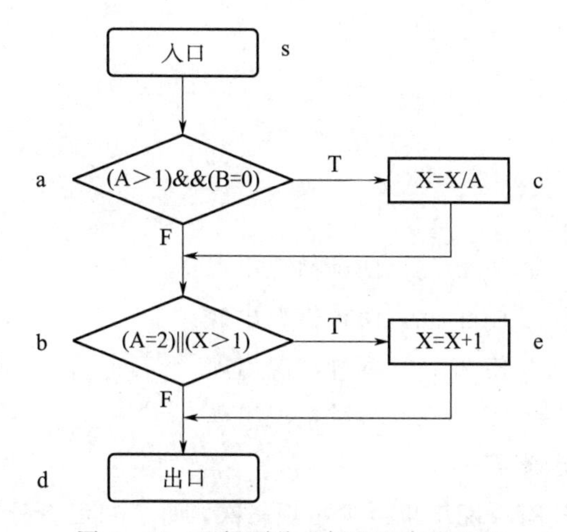

图 4-13　逻辑覆盖示例的程序流程图

(1) 语句覆盖

程序中每条语句至少被执行一次。

输入：A=2，B=0，X=4。

执行路径：s→a→c→b→e→d。

(2) 分支覆盖（判定覆盖）

程序中每一个分支语句至少有一次为真值，有一次为假值，同时每一入口和出口至少执行一次。

A=3，B=0，X=1（沿路径 s→a→c→b→d 执行）。

A=2，B=1，X=3（沿路径 s→a→b→e→d 执行）。

判定中的各个条件获得各种可能的结果，同时每一入口和出口至少执行一次。

A=2，B=0，X=4（沿路径 s→a→c→b→e→d 执行）。

A=1，B=1，X=1（沿路径 s→a→b→d 执行）。

(3) 判定/条件覆盖

判定中每个条件的所有可能结果至少出现一次，每个判定本身每个可能结果也至少出现一次，同时每一入口和出口至少执行一次。

A=2，B=0，X=4（沿路径 s→a→c→b→e→d 执行）。

A=1，B=1，X=1（沿路径 s→a→b→d 执行）。

（4）条件组合覆盖

判定中每个条件结果的所有可能组合至少出现一次，同时每一入口和出口至少执行一次。

1）A>1，B=0；

2）A>1，B≠0；

3）A≤1，B=0；

4）A≤1，B≠0；

5）A=2，X>1；

6）A=2，X≤1；

7）A≠2，X>1；

8）A≠2，X≤1。

设计以下四个例子：

1）A=2，B=0，X=4 使 1）5）两种情况出现；

2）A=2，B=1，X=1 使 2）6）两种情况出现；

3）A=1，B=0，X=2 使 3）7）两种情况出现；

4）A=1，B=1，X=1 使 4）8）两种情况出现。

（5）修正的条件判定覆盖

判定中每个条件的所有可能结果至少出现一次，每个判定本身每个可能结果也至少出现一次，每个条件都能独立影响判定结果，同时每一入口和出口至少执行一次。

对于判定“（A>1）&&（B=0）”，其全部的条件组合如表 4-6 所示。

表 4-6 全部的条件组合

测试用例	A>1	B=0	结果
1	T	T	T
2	T	F	F
3	F	T	F
4	F	F	F

测试用例 1、3 说明条件（A>1）独立影响测试结果；测试用例 1、2 说明条件（B=0）独立影响测试结果。所以测试用例 1、2、3 是达到 MC/DC 必需的测试用例。

（6）路径覆盖

覆盖程序中所有可能路径。

共有 4 条可能路径：s→a→c→b→e→d、s→a→b→d、s→a→b→e→d、s→a→c→b→d。

以下四个例子可实现路径覆盖：

1）A=2，B=0，X=3（沿路径 s→a→c→b→e→d 执行）。

2）A=1，B=0，X=1（沿路径 s→a→b→d 执行）。

3) A=2，B=1，X=1（沿路径 s→a→b→e→d 执行）。

4) A=3，B=0，X=1（沿路径 s→a→c→b→d 执行）。

总结：各种覆盖强度从小到大依次为：语句覆盖、分支覆盖、判定条件覆盖、修正的判定条件覆盖、条件组合覆盖、路径覆盖。

4.2.1.2　数据流测试法

从数据流的角度来看，程序是对数据的定义和使用。

数据流测试按照程序中变量定义和使用位置来设计测试路径，关注的是程序中某个变量从其声明、赋值到引用的变化情况。数据流测试方法是在程序代码经过的路径上检查变量的数据的用法，主要是为了发现“定义—使用”异常的缺陷。这里异常是指可能会导致程序失效的情形。如发现了数据流异常：“没有初始化就读取了变量的值，或根本没有使用变量的值”。异常可能会触发程序运行的风险，但并非数据流异常都会导致错误的程序行为发生（即失效）。因此对发现的数据流问题，需深入检查确定是否存在定义—使用问题。

数据流覆盖（Data Flow Coverage）是路径覆盖的变种，描述了数据的“定义—使用”对，找出所有变量的定义—使用路径情况。这个数据流覆盖层次结构图如图 4-14 所示，当每个层次结构都检查完成，则表明针对变量的定义—使用路径达到 100%的覆盖。定义—使用路径是一组定义所得到的测试指标，包括全部路径、全定义—使用路径、全使用、全计算使用/部分谓词使用、全谓词使用/部分计算使用、全定义、全谓词使用、全边、全节点。

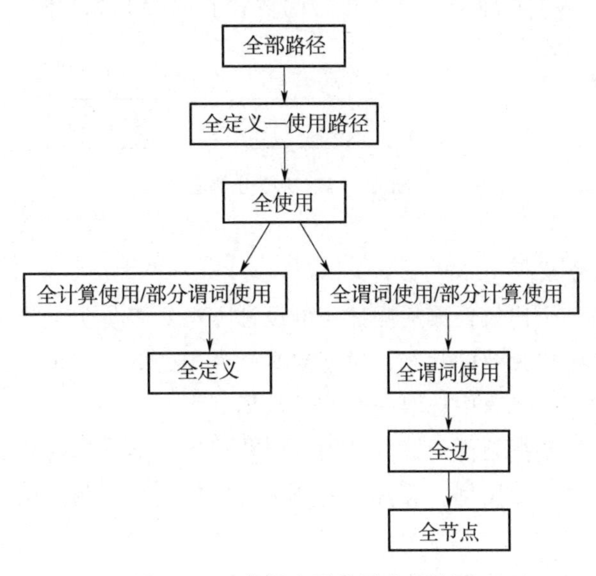

图 4-14　数据流覆盖层次结构图

采用数据流测试法，对规模较小的程序可以人工设计测试用例，规模较大的程序一般需要分析工具的支持才能设计测试用例。

4.2.1.3　程序插桩测试法

程序插桩法是指往被测程序中插入操作来实现测试目的的方法，测试人员需要知道在被测软件的哪些位置进行插桩，通过插桩的语句获取程序在执行中的动态信息。

4.2.2 黑盒测试用例设计方法

白盒测试用例设计方法一般是对代码的覆盖测试，黑盒测试用例设计方法一般是对需求的覆盖测试，即分析需求后设计测试用例，设计方法通常包括功能分解法、等价类划分法、边界值分析法、判定表法、因果图法、组合测试法、猜错法以及场景法。

4.2.2.1 功能分解法

顾名思义，功能分解法就是对需求文档中的功能描述进行功能分解，得到功能子项，该功能子项可以形成测试项，再对测试项进行进一步的功能分解，得到原子功能项，该原子功能项可以直接作为一个测试用例的描述，如图 4-15 所示。根据功能分解法得到的测试用例，往往没有异常的输入或异常的操作。

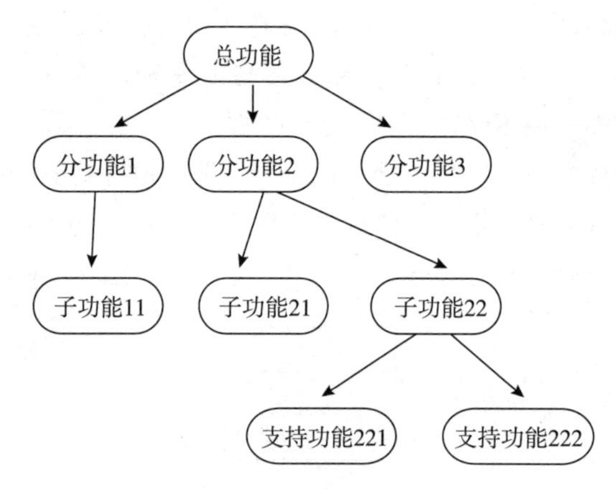

图 4-15 功能分解法

4.2.2.2 等价类划分法

等价类划分法是一个比较经典的测试用例设计方法。等价类是指某个输入的集合，表示输入条件的一组有效或无效的状态，对于揭露软件中的 bug 来说，集合中的每一个输入都是等效的，只要在一个集合中选取一个测试数据即可。

等价类划分的方法是把软件的输入域划分成若干等价类，然后从每个等价类中选取少数有代表性的数据当作测试用例。等价类划分法可以使用少数测试用例验证软件在同一等价类下的反应。

等价类一般分为有效等价类和无效等价类，其中有效等价类是对程序需求有意义的、合理的输入数据所构成的集合，有效等价类可以是一个，也可以是多个。无效等价类是对程序规范不合理的或无意义的输入数据所构成的集合，无效等价类至少应有一个，也可能有多个。

根据列出的等价类表，按以下步骤确定测试用例：

1）为每个等价类规定一个唯一的编号。

2）设计一个测试用例，使其尽可能多地覆盖尚未覆盖的有效等价类。重复这一步骤，使得所有有效等价类均被测试用例所覆盖。

3）设计一个新的测试用例，使其覆盖一个无效等价类。重复这一步骤，使得所有无效等价类均被覆盖。

下面通过示例来介绍等价类划分法。

1）如果输入条件规定了取值范围或值的个数，则可以确立一个有效等价类和两个无效等价类。例如：输入从1到99，则有效等价类为$1 \leqslant n \leqslant 99$；两个无效等价类为：$n < 1$和$n > 99$。

2）如果输入条件规定了输入的集合，或者是规定了“必须如何”的条件，这时可确立一个有效等价类和一个无效等价类。例如：输入为a、b、c，则有效等价类为a、b、c；无效等价类为非a、b、c。

3）如果规定了输入数据的一组值，而且程序要对每个输入值分别处理，这时可为每个输入值确立一个有效等价类，此外针对这组值确立一个无效等价类，它是所有不允许的输入的集合。

4）如果规定了输入数据必须遵守的规定，则可以确立一个有效等价类（符合规则）和若干无效等价类（从不同角度违反规则）。

5）如果确知已划分的等价类中各个元素在程序中的处理方式不同，则应将此等价类进一步划分成更小的等价类。

下面使用等价类划分法来生成测试用例。

示例1：假设要测试某手机附带的计算器的自然数加法功能$A+B$，其中A、B的取值范围是[0，999999999]。对于输入A、B划分等价类，得到有效等价类：[0，999999999]；无效等价类：负整数、10亿及以上的数、非数字、空值。

设计测试用例，使其尽可能多地覆盖未被覆盖过的有效等价类，直至所有有效等价类都被覆盖；设计测试用例，使其覆盖一个，并且仅覆盖一个未被覆盖的无效等价类，直到所有无效等价类都被覆盖，测试用例示例如图4-16所示。

ID	*A*	*B*	预期结果
1	99	88	187
2	−1	99	提示错误
3	66	−1	提示错误
4	10亿	99	提示错误
5	99	10亿	提示错误
6	*A*?	99	提示错误
7	99	S	提示错误
8	空值	99	提示错误
9	99	空值	提示错误

图4-16　等价类划分法生成测试用例

示例 2：例如查询月度帐单功能，限定 1990 年 1 月到 2049 年 12 月的时间段，其等价类划分见表 4－7。

表 4－7 测试月度帐单查询时间功能等价类划分表

输入等价类	有效等价类	无效等价类
查询时间的类型及长度	①6 位数字字符	②有非数字字符 ③少于 6 位数字字符 ④多于 6 位数字字符
年份范围	⑤在 1990～2049 之间	⑥小于 1990 ⑦大于 2049
月份范围	⑧在 01～12 之间	⑨等于 00 ⑩大于 12

虽然等价类划分能够全面、系统地考虑动态测试的测试用例设计问题，但是没有注意选用一些"高效的"、"有针对性的"测试用例，边界值分析法可以弥补这一缺点。

4.2.2.3 边界值分析法

边界值分析法是考虑软件在边界情况下运行状态的一种测试方法，如图 4－17 所示。边界值分析法首先要找出软件的边界点。

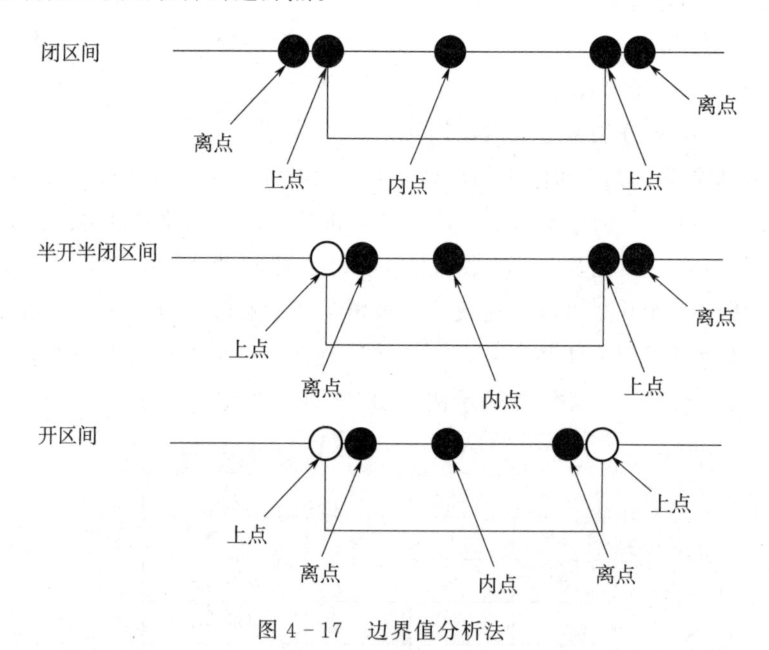

图 4－17 边界值分析法

软件的边界点分为以下几类：

1）输入域或输出域的边界；

2）状态转换的边界；

3）功能界限的边界；

4）性能界限的边界；

5）容量界限的边界。

历史经验表明，大量的错误往往发生在软件运行在边界上时，因此，针对边界设计测试用例，能够更有效地发现程序中潜在的错误。

边界值分析法设计测试用例应当遵循以下几条原则：

1）如果输入条件规定了取值范围，则应以该范围的边界上及边界外的值作为测试用例的输入，如某个输入范围为 $[a, b]$，其中 a 和 b 为整数，测试用例应该考核程序在输入值为 $a-1$、a、b、$b+1$ 时的运行表现；

2）若规定了值的个数，则应分别以最大个数、最小个数和最大个数＋1 和最小个数－1 作为测试用例的输入；

3）如果需求规格说明书或通信协议中规定了输入或输出范围是有序的集合，如顺序文件、表格等，则应选取有序集的第一个和最后一个元素作为测试用例；

4）分析需求规格说明书，找出可能存在状态转换的边界、功能界限的边界、性能界限的边界、容量界限的边界。

下面使用边界值分析法来生成测试用例。

示例 1： 软件输入范围为 $-100 < N < 100$。根据边界值分析可取的测试输入是：－100，100，－105，105，－95，95。

示例 2： 某品牌手机上通信录管理功能的一个主要输入是通信录，规定这个通信录最多可以保存 200 个记录。可以分析出这个输入的边界情况：空的通信录（0 个记录）、满的通信录（200 个记录）、在空的通信录上删除记录、在满的通信录上增加记录。

4.2.2.4　判定表法

判定表是分析和表达多个逻辑条件下执行不同操作情况的工具。在一些数据处理问题中，某些操作是否实施依赖于多个逻辑条件的取值，在这些逻辑条件取值的组合所构成的多种情况下，分别执行不同的操作，处理这类问题的一个非常有力的工具就是判定表。

判定表很适合描述不同条件集合下采取行动的若干组合情况。它可以分析和表达多种逻辑条件并执行不同操作，可以把复杂的逻辑关系和多种条件组合的情况表达得既具体又明确。判定表的突出优点是它能把复杂的问题按各种可能的情况一一列举出，简明而易于理解，也可以避免遗漏。它的不足之处在于不能表达重复执行的动作，例如循环结构。在所有的黑盒测试方法中，基于判定表的测试是最为严格、最具有逻辑性的测试方法。

判定表由 4 个部分组成，分别为条件桩、动作桩、条件项和动作项。其中条件桩列出了各种可能的单个条件，动作桩列出了可能采取的单个操作，条件项列出了所给条件的多组取值组合，动作项列出了在给定条件项的各种取值情况下对应采取的动作。规则是任何一个条件组合的特定取值及其相应要执行的操作。在判定表中贯穿条件项和动作项的一列就是一条规则。判定表中列出多少组条件取值，也就有多少条规则，条件项和动作项就有多少列。一般判定表的格式见表 4－8。

表 4-8　判定表的格式

规则		规则 1	规则 2	规则 3	……
条件桩	C1				
	C2				
	C3				
动作桩	a1				
	a2				
	a3				
	a4				

判定表建立的依据是软件需求规格说明，步骤如下：

1）制定初始判定表：列出所有的条件桩和动作桩，确定规则的个数，如果有 n 个条件，每个条件有 2 个取值（0，1），那么就有 2^n 种规则。填入条件项，填入动作项。

2）简化判定表：合并相似规则或者相同动作。

3）根据判定表确定测试用例。

适合使用判定表设计测试用例的条件：

1）需求规格说明以判定表的形式给出；

2）条件的排列顺序不影响执行哪些操作；

3）规则的排列顺序不影响执行哪些操作；

4）当某一规则的条件已经满足，并确定要执行的操作后，不必检验别的规则；

5）如果某一规则要执行多个操作，这些操作的执行顺序无关紧要。

示例：下面使用判定表来生成测试用例。

规则如下：如果某产品销售好并且库存低，则增加该产品的生产。如果某产品销售好但库存量高，则保持生成能力不变继续生产。如果某产品销售不好但库存量低，也保持生成能力不变继续生产。如果某产品销售不好且存量高，则停止生产。

运行过程如下：

1）确定条件：2 个（销售、库存），动作：3 个（增加、保持、停止）。

2）确定规则的个数：2 个条件，每个条件可以有两个取值，故有 4 种规则。

3）构造判定表，填入条件与动作，如图 4-18 所示。

4）根据判定表构造测试用例。一般一条规则对应一个测试用例，条件为输入，动作为预期输出，如图 4-19 所示。

规则		1	2	3	4
条件	C1：销售好?	T	T	F	F
	C2：库存低?	T	F	T	F
动作	a1：增加生产	T	F	F	F
	a2：保持生产	F	T	T	F
	a3：停止生产	F	F	F	T

图 4-18　判定表示例

测试用例编号		1	2	3	4
输入	C1	1	1	0	0
	C2	1	0	1	0
预期输出	a1	1	0	0	0
	a2	0	1	1	0
	a3	0	0	0	1

图 4 - 19　判定表生成测试用例示例

4.2.2.5　因果图法

等价类划分法和边界值分析法主要考虑的都是输入条件，而没有考虑输入条件之间的各种组合以及输入条件之间的相互制约关系。要检查输入条件的组合并不容易，即使把所有输入条件划分成等价类，它们之间的组合情况也很多，因此需要考虑采用一种方法用于描述对于多种条件的组合，相应产生多个结果的形式来设计测试用例，这种方法就是因果图法。因果图法是从用自然语言书写的程序规格说明的描述中找出因（输入条件）和果（输出或程序状态的改变），通过因果图转换为判定表，再通过判定表生成测试用例。因果图法最终生成的是判定表，它适合于检查程序输入条件的各种组合情况。

在因果图中，共有四种因果关系，用不同的图形符号表示：用 C_i 表示原因，E_i 表示结果，基本符号如图 4 - 20 所示。各节点表示状态，可取值 0 或 1。“0”表示某状态不出现，“1”表示某状态出现。

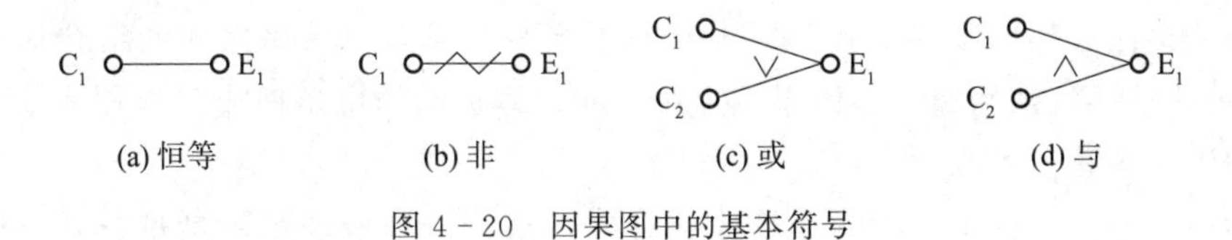

图 4 - 20　因果图中的基本符号

主要的原因和结果之间的关系有：

1）恒等：表示原因与结果之间一对一的对应关系。若原因出现，则结果出现。若原因不出现，则结果也不出现；

2）非：表示原因与结果之间的一种否定关系。若原因出现，则结果不出现。若原因不出现，反而结果出现；

3）或：表示若几个原因中有一个出现，则结果出现，只有当这几个原因都不出现时，结果才不出现；

4）与：表示若几个原因都出现，结果才出现。若几个原因中有一个不出现，结果就不出现。

为了表示原因与原因之间、结果与结果之间可能存在的约束条件，在因果图中可以附加一些表示约束条件的符号。原因 a、b 之间的约束有以下四种：E 约束（互斥）、I 约束（包含）、O 约束（唯一）、R 约束（要求）。若从结果考虑，还有一种约束：M 约束（屏蔽），各约束符号如图 4 - 21 所示。

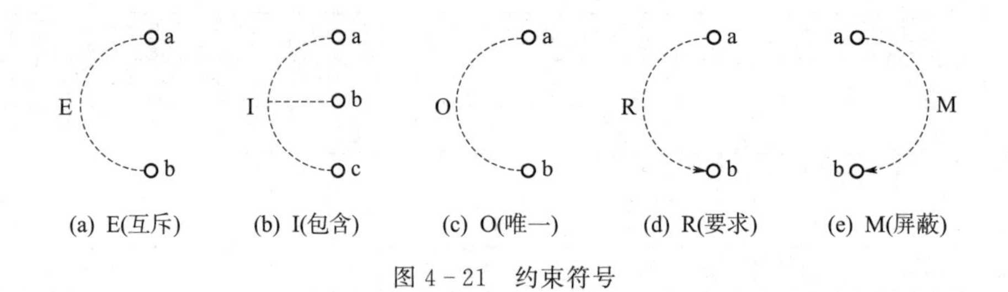

(a) E(互斥) (b) I(包含) (c) O(唯一) (d) R(要求) (e) M(屏蔽)

图 4-21 约束符号

1）E（互斥）：表示 a、b 两个原因不会同时成立，两个中最多有一个成立；

2）I（包含）：表示 a、b、c 三个原因中至少有一个必须成立；

3）O（唯一）：表示 a 和 b 当中必须有一个，且仅有一个成立；

4）R（要求）：表示当 a 出现时，b 必须出现。不可能 a 出现，b 不出现；

5）M（屏蔽）：表示当结果 a 是 1（出现）时，b 必须是 0（强制不出现）。而当 a 为 0（不出现）时，b 的值不定。

因果图法产生测试用例的步骤如下：

1）在测试需求分析过程中，对某一项功能进行测试需求分析时，分析哪些是原因（即输入条件和输入条件的等价类），哪些是结果（即输出条件），并给每一个原因和结果赋予一个标识符；

2）分析软件需求中功能描述的语义，找出原因与结果之间、原因与原因之间对应的关系，根据这些关系，画出因果图；

3）由于语法或环境限制，有些原因与原因之间、原因与结果之间的组合情况不可能出现，为表明这些特殊情况，在因果图上用一些记号标明约束条件或限制条件；

4）把因果图转换成判定表；

5）按照因果图在这个判定表中填入每种输入组合所导致的输出结果，同时根据前面的约束分析，排除一些无效的组合，剩下的组合就构成所需要的测试用例。

下面使用因果图法来生成测试用例。

在银行业务信息系统中，有以下三个输入条件：

A——活期存折账户。

B——正确的密码输入。

C——一本通账户（活期、定期合并在一本通存折上）。

有以下两个输出结果：

e——显示活期账户信息。

f——显示活期定期账户信息。

如果同时满足 A、B，或者同时满足 B、C，就会有 e。如果同时满足 B、C，则会有 f。输入条件 A、C 之间存在 O 约束（唯一），即不可能既是活期账户又是一本通账户。

因果图生成测试用例的步骤如下：

1）画出因果图，如图 4-22 所示。

2）罗列输入条件的所有组合，构造判定表，如表 4-9 所示。

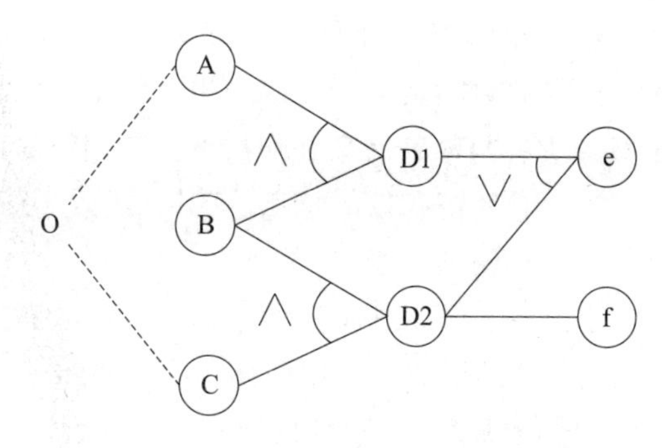

图 4-22　因果图示例

表 4-9　因果图转为判定表示例

规则		1	2	3	4	5	6	7	8
输入条件	A	0	0	0	0	1	1	1	1
	B	0	0	1	1	0	0	1	1
	C	0	1	0	1	0	1	0	1
输出结果	e								
	f								

3）按照因果图在判定表中填入每种输入组合所导致的输出结果，根据约束分析，排除无效的组合。由于输入条件 A、C 之间存在 O 约束，A、C 同时为 1 的两个组合被排除，即表中 e、f 为空白的两列。因此只剩下六个组合来构成所需要的测试用例，如表 4-10 所示。

表 4-10　因果图转为判定表生成测试用例示例

规则		1	2	3	4	5	6	7	8
输入条件	A	0	0	0	0	1	1	1	1
	B	0	0	1	1	0	0	1	1
	C	0	1	0	1	0	1	0	1
输出结果	e	0	0	0	1	0		1	
	f	0	0	0	1	0		0	

4.2.2.6　组合测试法

组合测试法适用情况：输入条件的原因很多，而且每个原因不只有“是”或“否”两个值，而是有多个取值。业界使用较多的组合测试有两种，一种是 Pair-wise/ALL-Pairs 方法，即成对组合测试；一种是 OATS（Orthogonal Array Testing Strategy），即正交表法。

Pair-wise 方法，将众多因素的值两两组合起来而大大减少测试用例组合。由 Mandl 于 1985 年提出，Pair-wise 方法基于如下 2 个假设：

1）每一个维度都是正交的，即每一个维度互相都没有交集；

2）根据数学统计分析，73％的缺陷（单因素是35％，双因素是38％）是由单因素或两个因素相互作用产生的。19％的缺陷是由三个因素相互作用产生的。

因此 Pair－wise 基于覆盖所有两因素的交互作用产生的用例集合性价比最高，后来的一些研究显示，组合测试方法具有经济有效的特点。

下面通过示例来介绍成对组合测试。

表4－11给出了一个电子商务系统，有4个参数，每个参数有3个可选值，完全测试该系统需要 3×3×3×3 ＝81个测试用例。采用两两组合测试准则，相关工具生成测试用例仅9个，见表4－12，即可覆盖任意两个参数的所有取值组合。

表4－11　成对组合测试参数表（示例）

Client	Web Server	Payment	Database
Firefox	Web. Sphere	MasterCard	DB/2
IE	Apache	Visa	Oracle
Opera	. Net	UnionPay	Access

表4－12　成对组合测试用例表（示例）

Test No.	Client	Web Server	Payment	Database
1	Firefox	Web. Sphere	MasterCard	DB/2
2	Firefox	. Net	UnionPay	Oracle
3	Firefox	Apache	Visa	Access
4	IE	Web. Sphere	UnionPay	Access
5	IE	Apache	MasterCard	Oracle
6	IE	. Net	Visa	DB/2
7	Opera	Web. Sphere	Visa	Oracle
8	Opera	. Net	MasterCard	Access
9	Opera	Apache	UnionPay	DB/2

解决组合数非常大的问题，除了成对组合方法之外，另一有效方法就是正交实验设计方法（Orthogonal Test Design Method，OTDM），正交实验设计方法是依据伽罗华(Galois）理论，从大量的数据（测试例）中挑选适量的、有代表性的点（条件组合），从而合理安排测试的一种科学实验设计方法。

确定影响功能的因子与状态。根据被测软件的规格说明，确定影响功能的操作对象和外部因素，把这些条件因素作为因子，把各个因子的取值作为状态，状态数称为水平数。

选择一个合适的正交表。根据因子数和最大水平数、最小水平数，选择一个测试次数最少、最适合的正交表。它是通过运用数学理论在拉丁方和正交拉丁方的基础上构造而成的规范化表格。常用的有L8（27）、L9（34）等。L8（27）中的L代表正交表、8为测试次数或正交表的行数、7为影响因子数，每个因子的水平数是2。

下面利用正交表来构造测试数据集。

某企业信息系统，员工信息查询设有以下三个独立的查询条件：

1）员工号（ID）；

2）员工姓名（Name）；

3）员工邮箱（Mail Address）；

即有三个因子，每个因素可以填，也可以不填，即水平数为 2，根据因子数是 3，水平数是 2，用例数取最小值，所以选 L4（23），可以构造正交表，如表 4－13 所示，并得到所需的测试用例，如表 4－14 所示。

表 4－13　正交表（示例）

因子数			
	1	2	3
1	1	1	1
2	1	0	0
3	0	1	0
4	0	0	1

表 4－14　正交表生成测试用例（示例）

查询条件				
		员工号	姓名	邮箱地址
测试用例	1	填	填	填
	2	填	空	空
	3	空	填	空
	4	空	空	填

正交表构建并转化为测试用例，按三个因素两个水平数来考虑，全组合需要 8 个用例，通过正交实验方法设计的测试用例只有 4 个，再补充一个全为空的特殊用例，使用 5 个测试用例，达到的测试效果非常接近，即用最小的测试代价获取最大的测试覆盖。

4.2.2.7　猜错法

顾名思义，猜错法就是测试人员根据测试经验和直觉，推测程序中可能存在的错误，从而有针对性地编写检查这些错误的测试用例。

猜错法的基本思想是列举出程序中所有可能的错误和容易发生错误的输入和场景，并根据它们选择测试用例。例如，在做某算法的测试时，要考虑被零除的情况，在测试其他功能时，输入数据为 0 也是容易发生错误的场景，因此可以选择输入数据为 0 或使输出数据为 0 作为测试用例。当输入为字符或字符串时，输入为空行时，也容易导致错误发生，可以选择这种输入作为测试用例的输入数据。再如，若两个模块间有共享变量，则要设计测试用例检查当一个模块去修改这个共享变量的内容后，另一个模块的出错情况。

4.2.2.8　场景法

场景技术已经被被广泛应用于软件需求分析和设计中，用例场景的使用使系统更容易被理解，是软件设计和测试领域中一种较为成熟的技术。从本质上讲，场景是从用户的角度描述系统的运行行为，反映系统的期望运行方式。在软件的系统级测试中，场景法使用较多。使用场景法设计测试用例，使测试过程更贴近用户的日常使用，能把用户在使用过程中可能遇到的问题提前暴露出来。

场景法设计测试用例，重点是对用户使用场景的分析，这需要系统总体设计人员和用户共同参与，将整个系统的功能按各个使用场景来体现。

4.3 测试工具

测试工具一般分为静态测试工具、动态测试工具和其他支持测试活动的工具。目前国内外支持静态测试和动态测试的软件工具比较多。

4.3.1 静态测试工具

静态测试工具是对软件需求、结构设计、详细设计和代码进行评审、走查和审查的工具，比如软件源代码度量工具、静态规则检查工具、软件更改确认工具、静态安全漏洞扫描工具等。在嵌入式软件静态测试工具中，典型的如 PRQA QAC/C＋＋、McCabe EQ、TestBed 、Polyspace 、Klocwork 、Insure＋＋、C＋＋Test 、Cantata＋＋、Understand、Coverity 都是对 C/C＋＋等高级语言进行静态分析和软件质量度量的实用化工具。

由于静态测试工具不需要对被测试软件运行结果进行分析，因此，静态分析工具对软件运行的目标环境要求不高，这是该类工具的一个优势。但由于静态分析只是对软件做出一些推断性的评价，无法发现软件运行过程中才有可能暴露出来的一些深层次问题，这是静态测试工具的劣势。

4.3.1.1 软件源代码度量工具

源代码度量工具有很多种，以 C/C＋＋软件源代码度量工具 CSAM 为例，对软件源代码进行度量的内容有：统计整个工程的文件个数、类个数、函数个数、注释率等信息；统计每个文件的总行数、代码行数、注释行数、注释率、函数个数等信息；统计每个类的行数、注释行数、类注释率、成员函数个数、类复杂度、成员函数圈复杂度、内聚缺乏度、耦合类个数、子类个数、成员变量个数等信息；统计每个函数的圈复杂度、嵌套数、行数、代码行数、注释行数、注释率、扇入扇出数；生成各个级别的统计报告。

C/C＋＋软件源代码度量工具 CSAM 的度量结果中，整体综合信息包括下列软件属性：类个数、文件个数、模块个数、行数、空白行数、代码行数、注释行数、注释率。整体综合信息显示界面如图 4－23 所示。

类质量度量包括以下软件属性的度量信息：类名称、类行数、类空白行数、类代码行数、类注释行数、成员函数平均圈复杂度、成员函数最大圈复杂度、注释率、内聚缺乏度、最大继承树深度、基类个数、耦合类个数、子类个数、成员函数个数、类实例方法数、类实例变量数、类自定义成员函数个数。类质量度量显示界面如图 4－24 所示。

asdf--整体信息

工程(P)　窗口显式　生成报告　读入UC结果　视图(V)　帮助(H)

序号	整体度量	度量值
1	类个数	4
2	文件个数	12
3	模块数	128
4	行数	8170
5	空白行数	794
6	代码行数	6865
7	注释行数	932
8	注释率	11.41%

图 4-23　整体综合信息显示界面

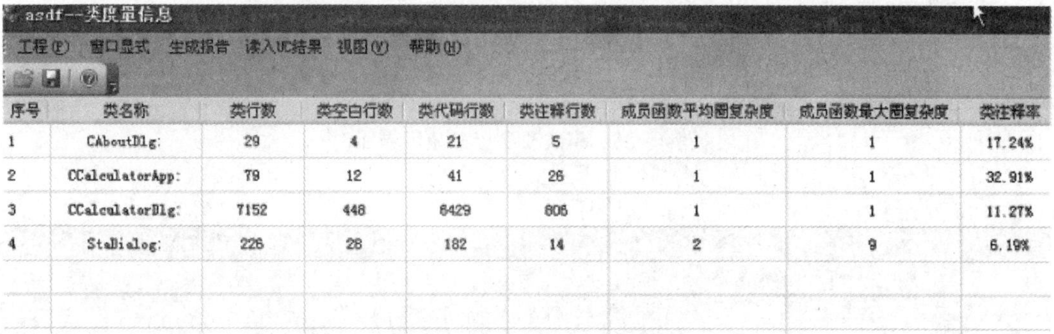

asdf--类质量信息

工程(P)　窗口显式　生成报告　读入UC结果　视图(V)　帮助(H)

序号	类名称	类行数	类空白行数	类代码行数	类注释行数	成员函数平均圈复杂度	成员函数最大圈复杂度	类注释率
1	CAboutDlg:	29	4	21	5	1	1	17.24%
2	CCalculatorApp:	79	12	41	26	1	1	32.91%
3	CCalculatorDlg:	7152	448	6429	806	1	1	11.27%
4	StaDialog:	226	28	182	14	2	9	6.19%

图 4-24　类质量度量显示界面

模块质量度量包括以下软件属性的度量信息：Ⅰ级圈复杂度、Ⅱ级圈复杂度、Ⅲ级圈复杂度、条件嵌套数、模块总行数、模块代码行、模块注释行、模块注释率、模块扇入数、模块扇出数、关系度、警告信息。模块质量度量显示界面如图 4-25 所示。

文件质量度量包括以下软件属性的度量信息：文件名、行数、注释行数、空白行数、预处理命令行数、代码行数、注释率、模块数。文件质量度量显示界面如图 4-26 所示。

4.3.1.2　静态规则检查工具

静态规则检查工具国内外有许多产品，如 McCabe、Logiscope、QAC、Polyspace、TestBed、C++ Test 等，TestBed 测试工具中的软件编程规则综合了众多软件公司的编程经验，其编程标准验证功能，可以发现软件在程序设计和实现时由于违反了所规定的编程准则而可能造成的缺陷，经软件测试人员的确认，最终由软件设计师排除代码缺陷，从而达到提高软件质量的目的。

TestBed 测试工具还具有数据流分析功能，可以检测软件中的错误，辅助代码审查；

asdf—模块质量信息

工程(P)　窗口显式　生成报告　读入UC结果　视图(V)　帮助(H)

序号	模块名	III级复杂度	II级复杂度	I级复杂度	条件嵌套数	模块总行数	模块代码行	模块注释行
0	平均值	1.13	1.13	1.17	1.66	56.88	51.84	6.13
1	A	1	1	1	0	3	3	0
2	CAboutDlg::CAboutDlg	1	1	1	0	3	3	0
3	CAboutDlg::DoDataExchange	1	1	1	0	4	4	0
4	CAboutDlg::GetMessageMap	1	1	1	0	1	1	0
5	CAboutDlg::GetThisMessageMap	1	1	1	0	4	2	1
6	CCalculatorApp::CCalculatorApp	1	1	1	0	8	4	3
7	CCalculatorApp::GetMessageMap	1	1	1	0	1	1	0
8	CCalculatorApp::GetThisMessageMap	1	1	1	0	3	3	0
9	CCalculatorApp::InitInstance	1	1	1	1	54	25	21
10	CCalculatorDlg::CalculateExpression	1	1	1	5	809	675	133
11	CCalculatorDlg::CCalculatorDlg	1	1	1	0	33	30	4
12	CCalculatorDlg::DoDataExchange	1	1	1	0	18	12	6
13	CCalculatorDlg::DoubleToPE	1	1	1	2	34	33	0
14	CCalculatorDlg::DoubleToString	1	1	1	1	17	16	0
15	CCalculatorDlg::fac	1	1	1	1	12	11	0
16	CCalculatorDlg::GetMessageMap	1	1	1	0	1	1	0
17	CCalculatorDlg::GetThisMessageMap	1	1	1	0	83	80	1

图 4-25　模块质量度量显示界面

asdf—文件度量信息

工程(P)　窗口显式　生成报告　读入UC结果　视图(V)　帮助(H)

序号	文件名	行数	注释行数	空白行数	预处理命令行数	代码行数	注释率
1	Calculator.cpp	94	30	25	6	33	31.91%
2	Calculator.h	32	8	11	5	9	25.00%
3	CalculatorDlg.cpp	7198	774	607	12	6393	10.75%
4	CalculatorDlg.h	253	63	52	7	149	24.90%
5	Complex.cpp	66	1	5	3	57	1.52%
6	Complex.h	39	0	1	2	36	0.00%
7	resource.h	134	6	1	127	0	4.48%
8	StaDialog.cpp	235	21	50	4	162	8.94%
9	StaDialog.h	45	10	10	5	26	22.22%
10	stdafx.cpp	8	3	4	1	0	37.50%
11	stdafx.h	58	13	25	29	0	22.41%
12	targetver.h	8	3	3	2	0	37.50%

图 4-26　文件质量度量显示界面

软件度量分析功能可以客观度量并跟踪控制软件质量；调用关系、控制流程分析功能可以直观了解程序结构；代码覆盖率分析功能可以优化软件测试，提升软件质量。

TestBed 支持的语言包括：Ada、C、C＋＋、Cobal、Coral 66、Fortran、Pascal、PL/1、PL/Mx86、Intel Assemblers（80x86，80C196，8051 等）、Motorola Assemblers（680x0，HP680x0，XD68020，68HC11）等。

通过使用 LDRA TestBed，可以改进软件产品开发过程，提高软件产品质量。

下文具体介绍如何使用 TestBed 测试工具开展编程准则检查功能。

（1）修改规则集文件

在对航天型号嵌入式软件进行编程规则检查时，项目负责人应该根据相关编程准则，结合项目开发所使用的程序设计语言，以及软件项目所必须遵守的规定，与软件开发方共同初步指定或选取那些能够满足项目要求的和行之有效的编程准则。

以 LDRA TestBed 7.3.4 为例，提供的 C 语言编码规则表共有 507 条准则，根据相关准则中的规定，经过分析在其中选取出若干条规则组成新的 C 语言软件编程规则集，再对被测软件开展编程规则检查工作。修改规则集之前建议备份原有的规则集，使用 UE 文本编辑工具对规则集文件进行修改，具体方法是将需要检查的规则对应的数字（第 2 列）保留为“1”，而不需要检查的则设置为“0”。每条规则以回车换行结尾，文件中不得出现制表符。

（2）建立新项目

启动 TestBed 静态分析界面如图 4－27 所示。建立新项目，界面如图 4－28 所示。

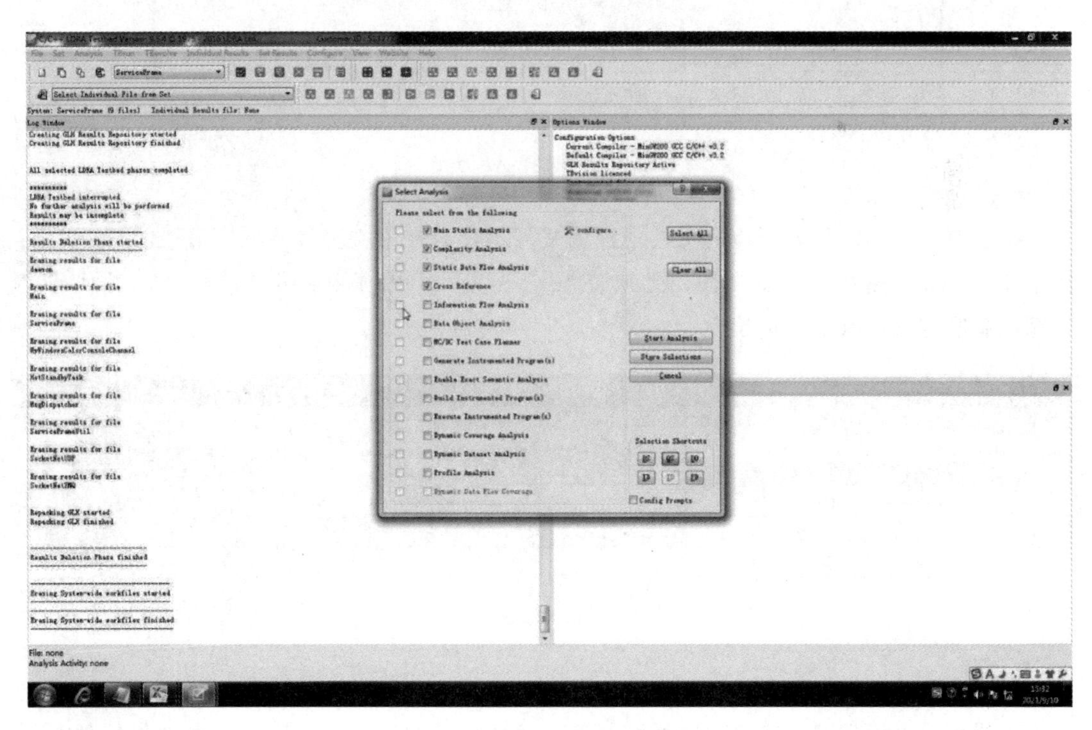

图 4－27　TestBed 静态分析界面

选择工程类型：Group 模式下，TestBed 对一个 set 中的文件进行相互独立的分析，这样对于一批文件就可以一次分析完，而不需要一个个导入工具来进行分析。System 模

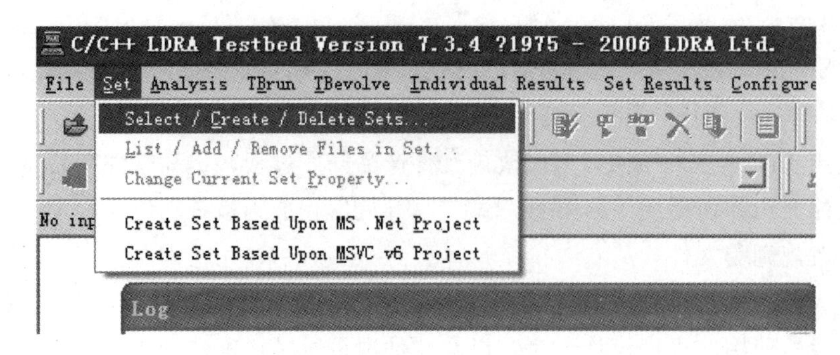

图 4－28　建立新项目

式下，TestBed 将这个 set 中的所有文件作为一个整体来分析，会分析出这些文件内函数相互间的调用关系、变量引用等结果，也就是将这些文件作为一个工程来分析。一般情况下选“System”，如图 4－29 所示。

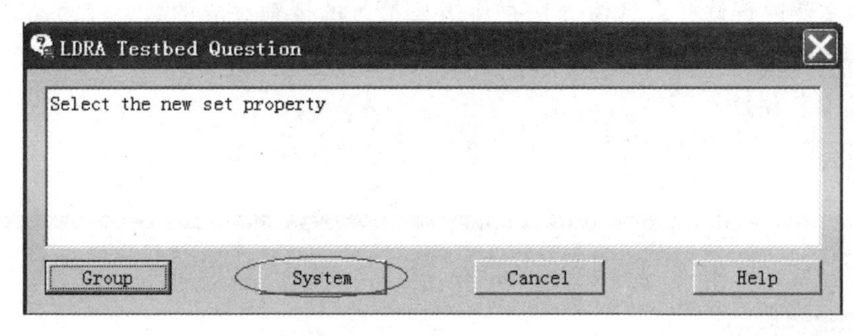

图 4－29　选择工程类型

在当前工程里添加要分析的文件（被测文件不要放在中文路径下），如图 4－30 所示。使用 TestBed 只需装入 *.c 文件，无须装入 *.h 文件。用 TestBed 进行分析的源代码必须编译能通过，没有语法错误。

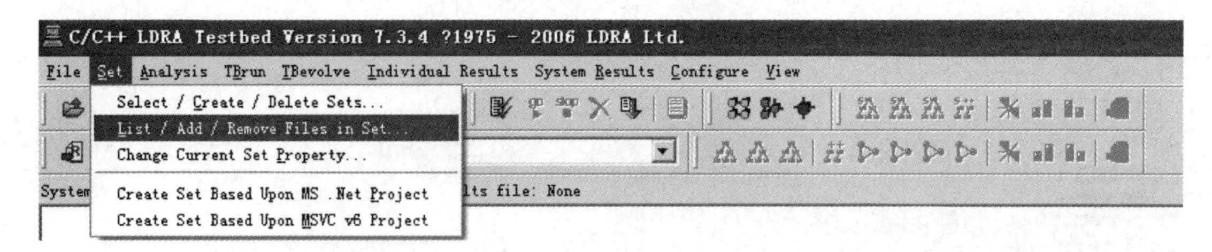

图 4－30　添加文件

（3）设置使用的规则集

如图 4－31 所示进入静态配置页面，静态配置页面如图 4－32 所示，规则集文件类型选择“*.dat”，此处的 cn _ CPEN _ v7.34 _ （117in507）.DAT 文件是经过分析后，在 LDRA TestBed 7.3.4 提供的 C 语言编码规则表共 507 条准则中选取出的 117 条规则，组成新的 C 语言软件编程规则集后，所命名的文件名。

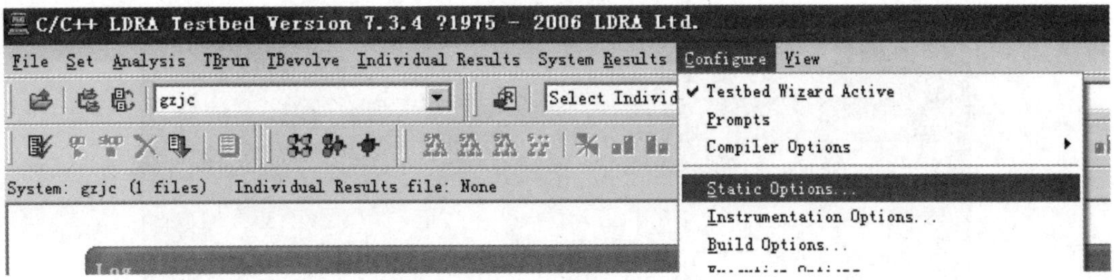

图 4-31　进入静态配置页面

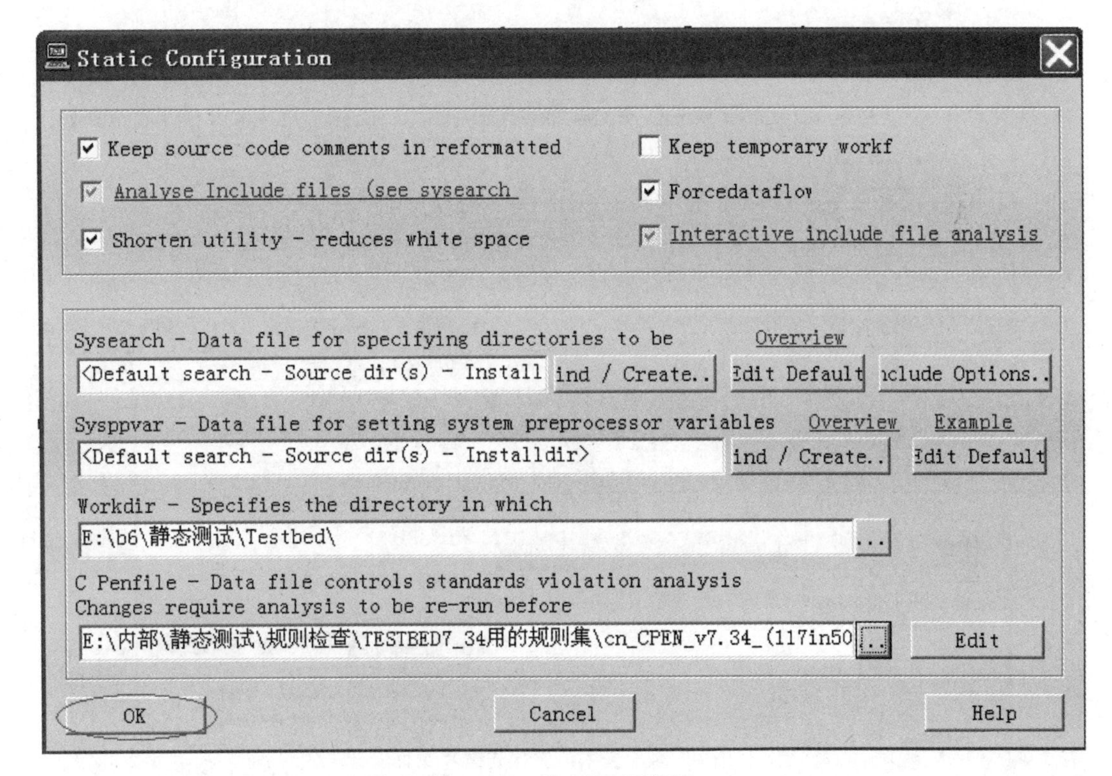

图 4-32　静态配置页面 1

对静态配置页面中头文件的选项说明如图 4-33 所示，Analyse Include files 选项说明如下："变灰"，在分析扩展头文件时只分析源程序中提到的头文件而不是向下一层一层地分析；"选中"，在分析扩展头文件时分析源程序中提到的所有头文件（向下一层一层地分析）；"不选"，在分析扩展头文件时只分析源程序。Interactive includefile file analysis 选项说明如下："选中"，每找到一个头文件时就会显示交互对话框；"变灰"，找不到头文件时会显示交互对话框（建议选变灰）。

（4）质量报告选项

如图 4-34 所示进入质量报告选项页面，选择使用的编码规则，航天型号软件的选择一般如图 4-35 所示。

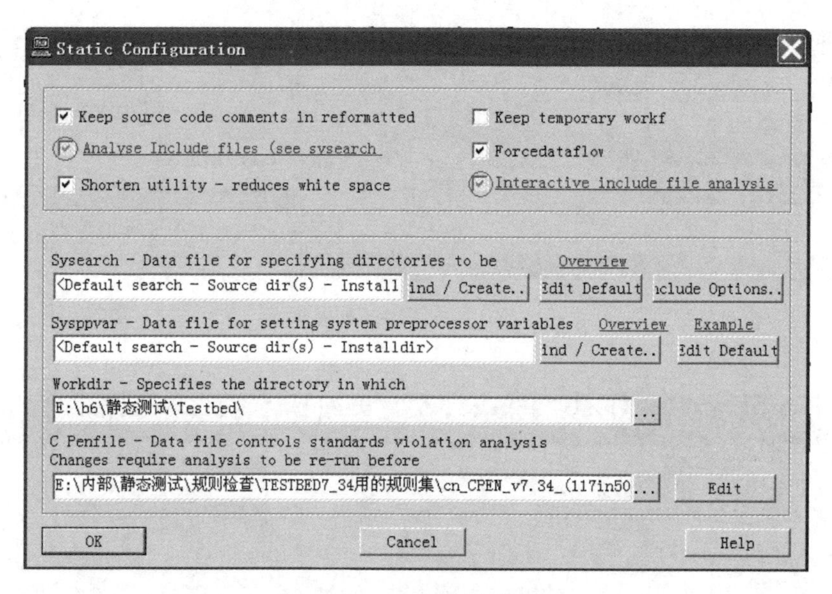

图 4-33　静态配置页面 2

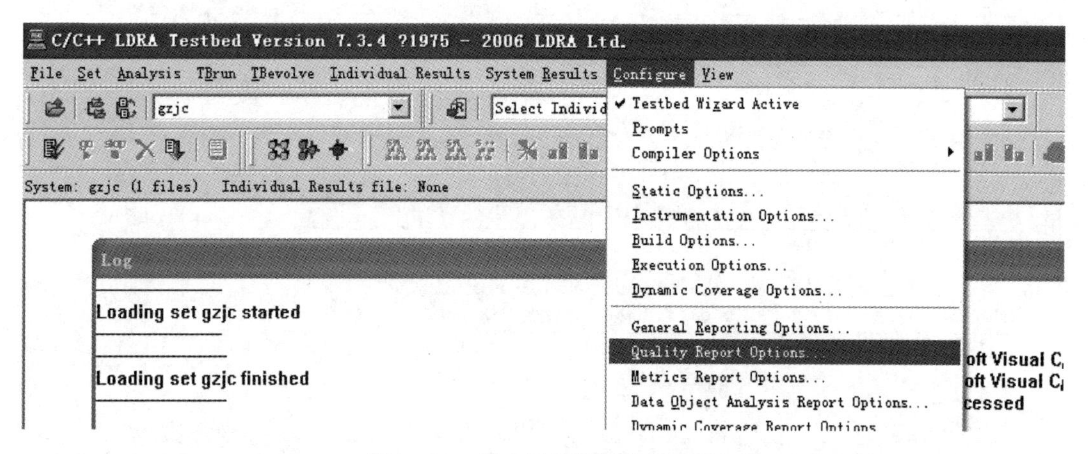

图 4-34　进入质量报告选项页面

设置质量报告的格式和内容，如图 4-36 所示，在对话框中勾选“Line from Original Source File”和“Line from Reformatted Code File”，在 Violations Level and Procedure Reporting 区勾选“All Violations / Procedures which Pass”。打开 Quality Report 报告我们可以看到所有的数据流信息，同时我们将看到不光有源代码信息还有格式化代码信息。

如果在 Report Vilations Only 区勾选“Violated Standards On”，那么打开 Quality Report 报告时，我们只会看到违反的编码规则。建议不勾选“Violated Standards On”，如图 4-37 所示，这时会看到所有使用的编码规则。

（5）设置编译器类型

如图 4-38 所示进入设置编译器类型选项页面，选择使用的编译器，本示例选择 VC 编译器，如图 4-39 所示。

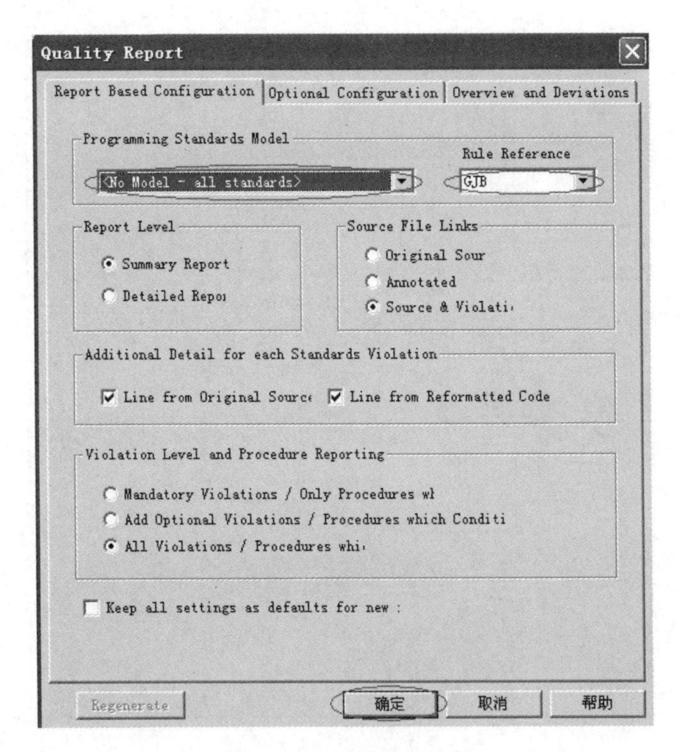

图 4 - 35　质量报告选项

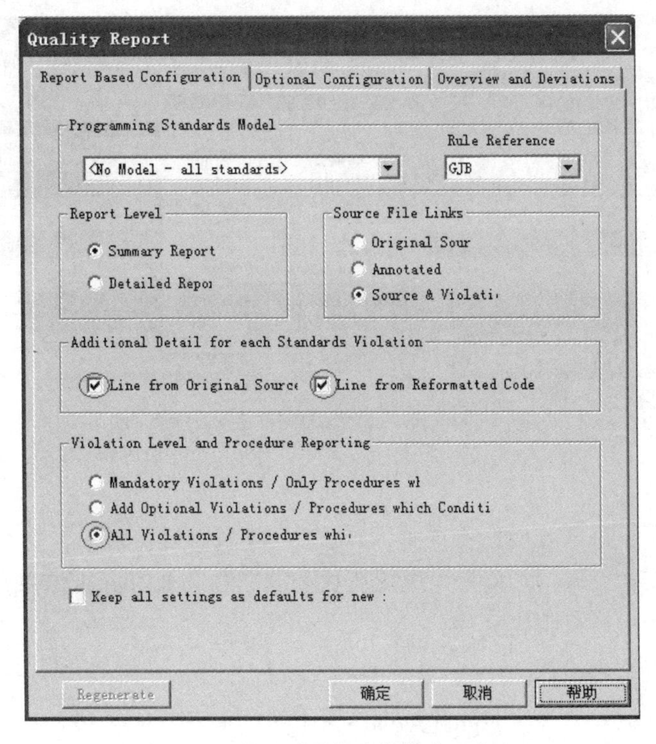

图 4 - 36　设置质量报告的格式和内容 1

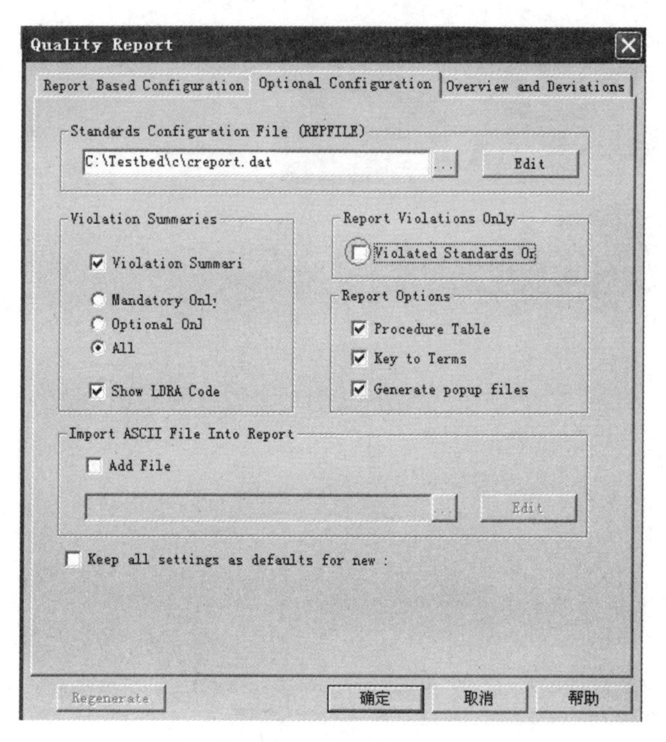

图 4-37　设置质量报告的格式和内容 2

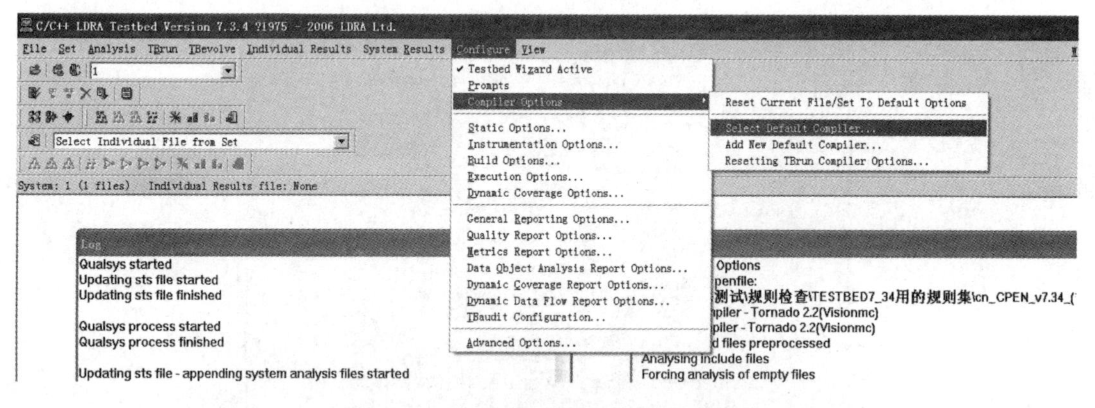

图 4-38　进入设置编译器类型选项页面

（6）进行分析

如图 4-40 所示进入分析选项页面，如图 4-41 所示启动分析。

分析运行页面如图 4-42 所示，圆圈所在处应变红。此时分析结果只是存在 TestBed 的数据库中，未生成质量报告文件。

（7）查看分析结果

等待分析结束后，选择查看分析结果，如图 4-43 所示点击 System Results 查看各个结果报告。Overview Report（HTML）和 Quality Report（HTML）通常需要手工生成。

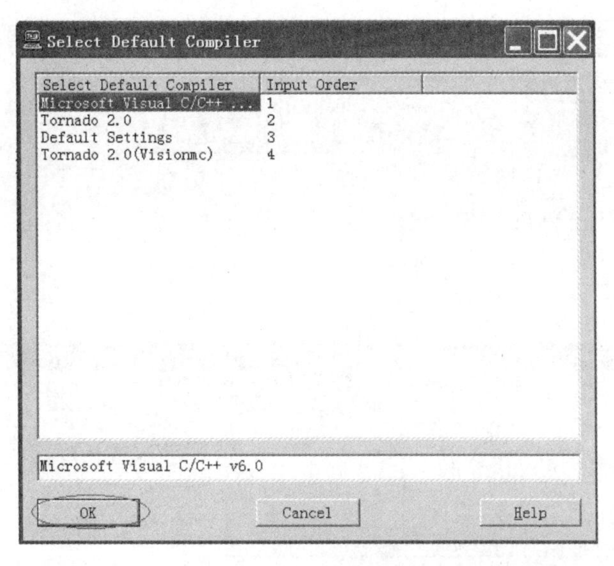

图 4-39　设置编译器类型

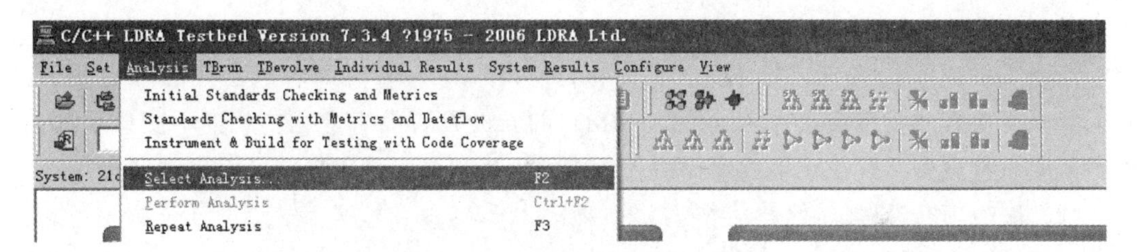

图 4-40　进入分析选项页面

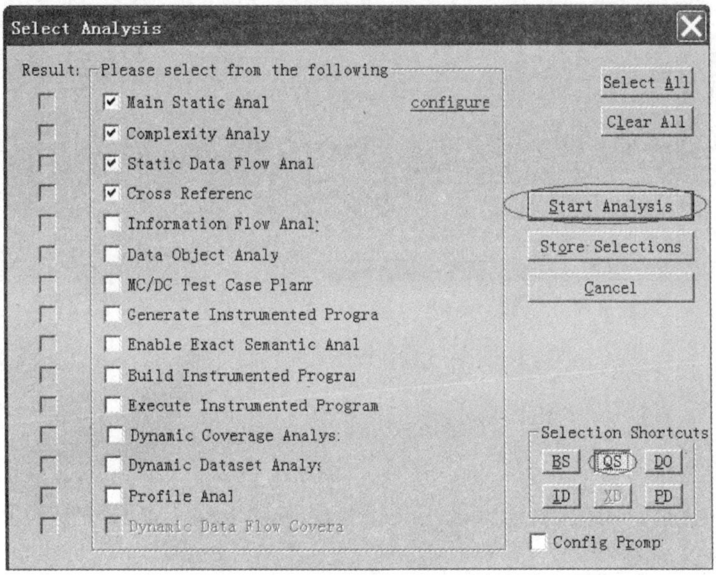

图 4-41　启动分析选项页面

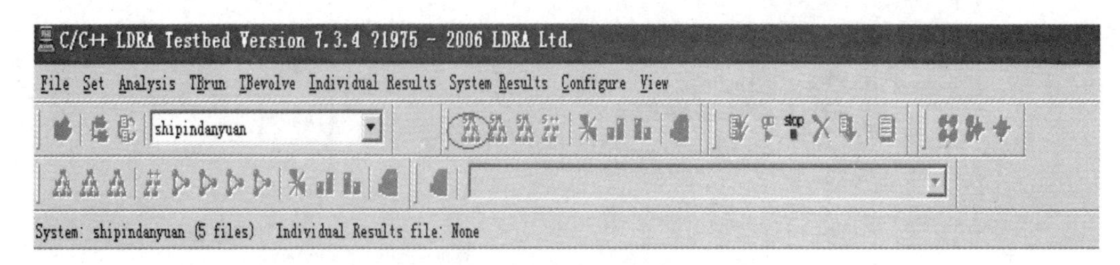

图 4-42　分析运行页面

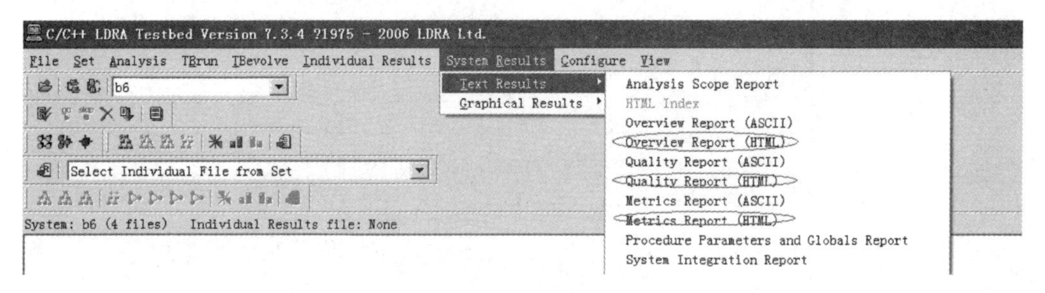

图 4-43　查看分析结果

若手工生成质量报告文件 Quality Report（HTML）时时间较长，无法确定是否死机，此时可检查质量报告文件（*.rps.htm）的长度是否发生变化，长度不变说明死机，否则说明质量报告文件正在生成过程中。生成的质量报告文件应检查是否生成完整。

（8）删除项目设置

如果源程序已经分析过了，那么相应的中间文件和结果文件已经存在，此时无法修改分析结果存放目录和设置使用的规则集文件，请按图 4-44 所示进入删除页面，按图 4-45 的步骤来删除这些工作文件。

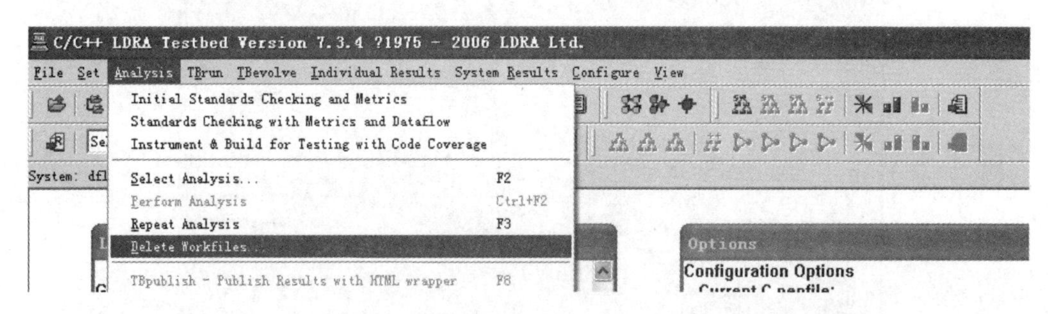

图 4-44　进入删除工作文件页面

（9）测试工具结果的人工分析确认

编程准则检查结果的人工分析确认工作，分为以下两个工作阶段：

1）问题提出阶段。筛选软件测试工具报告的违背条款，将误报条款及明显不影响软件功能的条款予以剔除。

2）核实确认阶段。对作为问题提出的条款，结合代码审查确认是否影响或可能影响

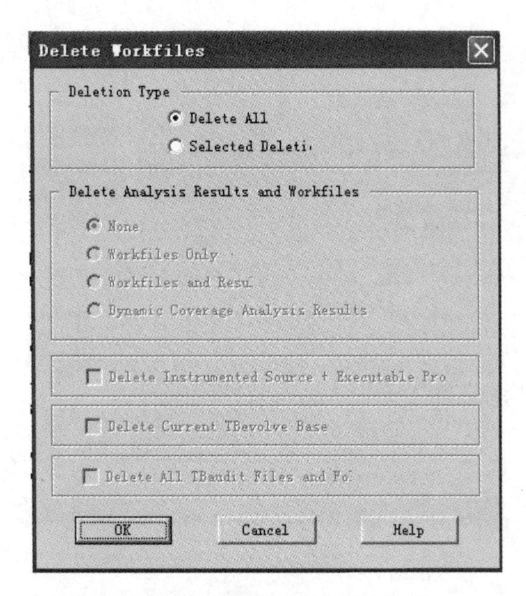

图4-45 删除工作文件页面

软件的功能，确认后填写问题报告单。

(10) 问题报告单的处理

1) 问题报告单的填写以最终确认的"需要修改"违背编程准则的代码问题为准，可以通过摘抄工具结果报告中的内容形成问题报告单。

2) 研制方反馈意见为不修改的，必须予以充分的理由说明，并经测试人员报告得到项目经理的认可。

4.3.1.3 规则检查辅助工具

使用测试工具对代码进行规则检查是静态测试非常重要的关键步骤，由上述TestBed测试工具的介绍可以看出，工具产生的编程准则检查结果必须经过人工分析确认工作，评测中心为此研发了规则检查辅助工具RCAT，用于筛选软件测试工具报告的违背条款，一方面将误报条款及明显不影响软件功能的条款予以剔除，一方面对作为问题提出的条款，逐条结合代码审查确认是否影响或可能影响软件的功能，确认后填写问题报告单。

规则检查辅助工具RCAT的分析界面如图4-46所示。

4.3.1.4 静态分析自动化平台

国内外静态工具众多，各有其适应性和特点，比如QAC代码分析工具，启动界面如图4-47所示，可以用于C/C++代码的完全自动化静态分析工作，可以提供编码规则检查、代码质量度量、软件结构分析、测试结果管理等功能，分析结果显示界面如图4-48所示，检测出的代码缺陷按严重程度从低到高分为9级，0级最轻微，9级最严重。

各个静态工具所产生的测试结果有大量重复冗余的信息，为更好地提高航天型号嵌入式软件的质量，测评人员博采众家之长，选用了多个不同的静态工具，可以更充分地分析软件潜在问题，评测中心由此研发了静态分析自动化平台AutoStaticTools，可以支持不

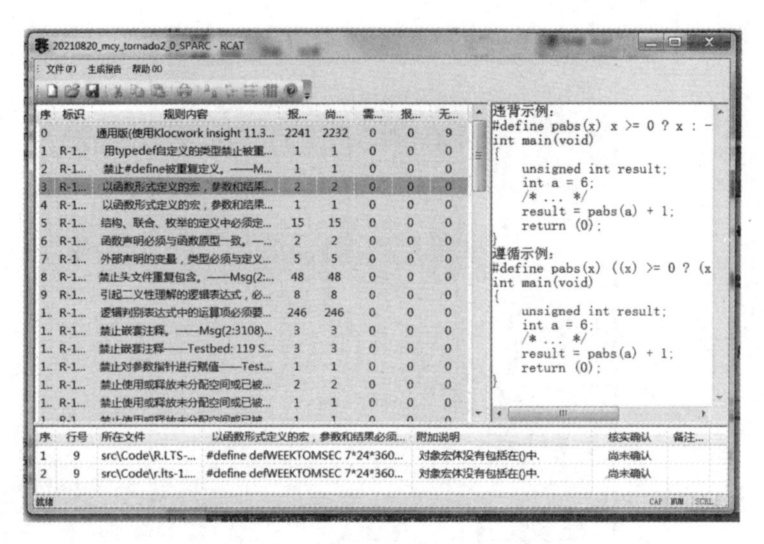

图 4 - 46　规则检查辅助工具分析界面

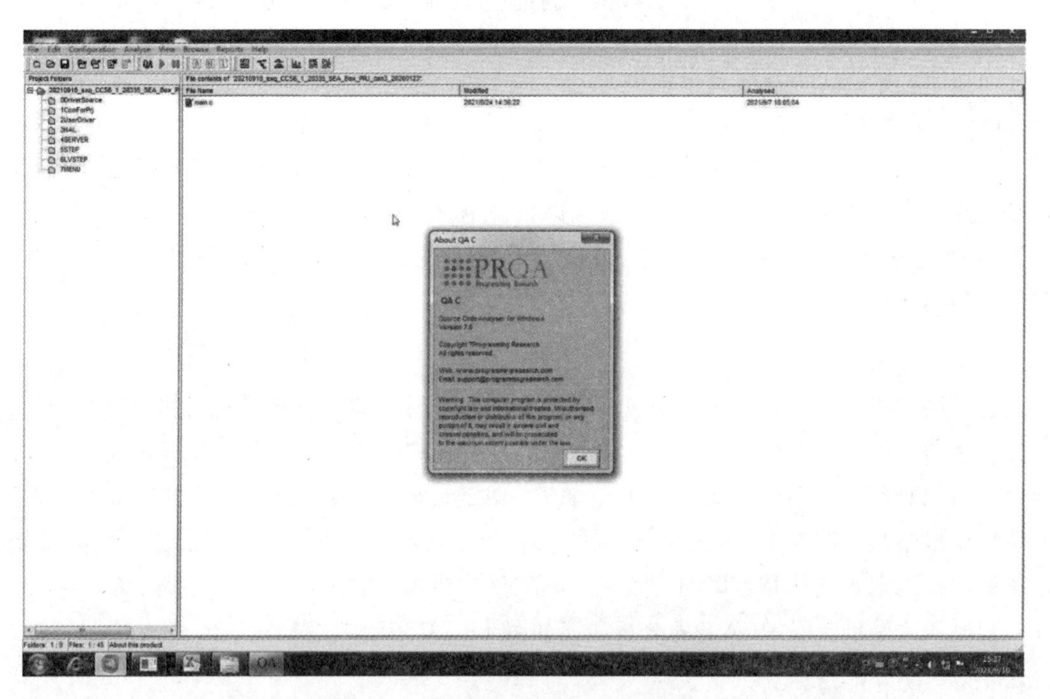

图 4 - 47　QAC 代码分析工具启动界面

同测试工具（如 Klocwork、C++Test、TestBed）的自动化执行和同时运行，以及支持不同测试工具测试结果的整合。AutoStaticTools 选择界面如图 4 - 49 所示，可以同时调用不同的测试工具，调用各工具运行情况如图 4 - 50 所示，静态分析自动化 AutoStaticTools 对各个静态测试工具的分析结果进行整合，去除重复冗余的代码缺陷信息后，整合成最小的代码缺陷信息合集，提交测试人员进行分析确认。

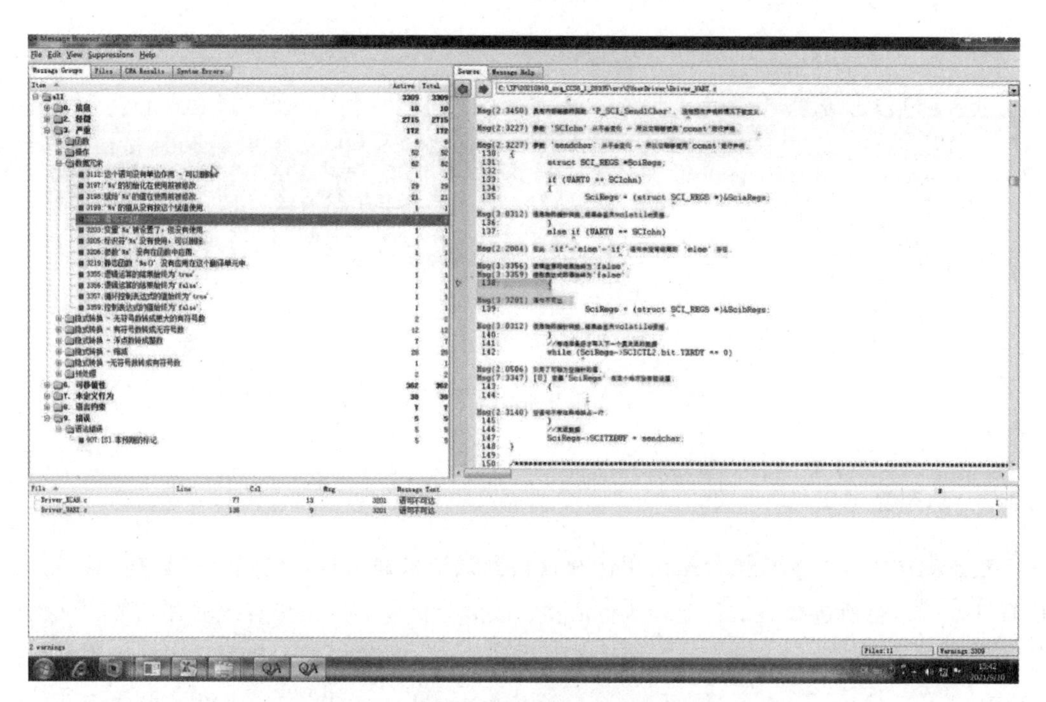

图 4－48　QAC 代码分析工具结果显示界面

AddMission

开发环境

VS2010　VS2008　VS C#　Visual C++ 6.0　Tornado

Kwout　CCS (*.mak)　CCS(*.pjt)　CCS(makefile)　Visual DSP

SPE-C　C++ builder　天熠3.7　MPLAB　EVC

ICCAVR　WinAVR+AVRStudio4　IAR　CCES　MinGW

神舟软件_SPARC　SoftConsole3.4　NMake+mips　MplabX5.05　Xplorer

ZView　ADS2020　ReDe

编译版本　Release　Debug　其他

工具选择　Klocwork　C++Test　TestBed　从其他工具结果导入源文件　从目录扫描获取源文件

配置文件　每一个工程生成一个配置文件　同一项目所有工程生成一个配置文件　不生成

源文件目录　:\JF\20210906_lhj_vc2010\src\ComputeServices\ServiceFrame　...

取消　确定

图 4－49　静态分析自动化平台 AutoStaticTools 选择界面

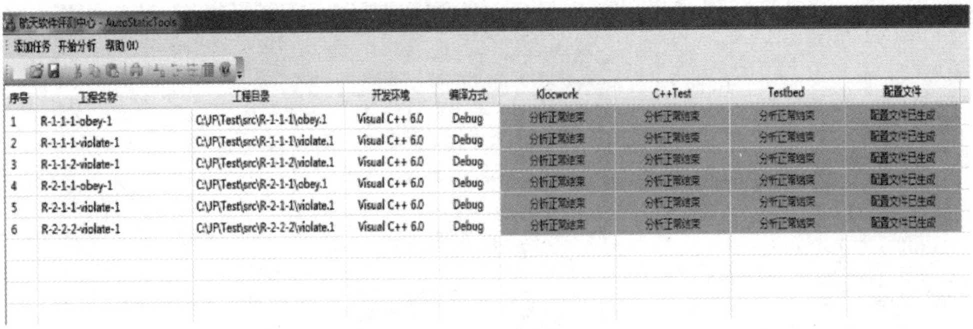

航天软件评测中心 - AutoStaticTools

添加任务　开始分析　帮助(H)

序号	工程名称	工程目录	开发环境	编译方式	Klocwork	C++Test	Testbed	配置文件
1	R-1-1-1-obey-1	C:\JP\Test\src\R-1-1-1\obey.1	Visual C++ 6.0	Debug	分析正常结束	分析正常结束	分析正常结束	配置文件已生成
2	R-1-1-1-violate-1	C:\JP\Test\src\R-1-1-1\violate.1	Visual C++ 6.0	Debug	分析正常结束	分析正常结束	分析正常结束	配置文件已生成
3	R-1-1-2-violate-1	C:\JP\Test\src\R-1-1-2\violate.1	Visual C++ 6.0	Debug	分析正常结束	分析正常结束	分析正常结束	配置文件已生成
4	R-2-1-1-obey-1	C:\JP\Test\src\R-2-1-1\obey.1	Visual C++ 6.0	Debug	分析正常结束	分析正常结束	分析正常结束	配置文件已生成
5	R-2-1-1-violate-1	C:\JP\Test\src\R-2-1-1\violate.1	Visual C++ 6.0	Debug	分析正常结束	分析正常结束	分析正常结束	配置文件已生成
6	R-2-2-2-violate-1	C:\JP\Test\src\R-2-2-2\violate.1	Visual C++ 6.0	Debug	分析正常结束	分析正常结束	分析正常结束	配置文件已生成

图 4-50　静态分析自动化平台 AutoStaticTools 运行界面

4.3.2　动态测试工具

动态测试工具是支持执行测试用例和评估测试结果的工具，包括支持选择测试用例、设置环境、运行所选择测试、记录执行活动、故障分析和测试工作有效性评估等。从国内外软件测试工具的发展来看，动态测试工具受到的关注程度更高。典型动态测试工具包括 CodeTEST 、QuickTest Professional、LoadRunner、Cuttle ITE、Bound _ T 等国外厂商开发的工具，此外还有国内各专业评测机构研究开发的工具。包括测试覆盖率分析工具(基于各种单片机和处理器，基于 Windows 或 VxWorks 各种操作系统的应用)、总线接口测试工具、单元测试工具（适用于 C 或 Java 等各种编程语言）、目标码测试工具、软件运行分析工具、负载压力测试工具、网络性能监控检测工具、网络建模和仿真工具、网络模拟攻击工具，以及自动化测试工具等。

动态测试工具种类众多，本文仅对动态逻辑测试工具（以 CodeTEST 为例）进行简介。

4.3.2.1　动态测试覆盖率分析工具

CodeTEST 是一款软硬结合的测试工具，主要原理是将被测程序插桩后运行于真实的 CPU 上，采集被测 CPU 上控制总线、地址总线、数据总线的实时信息，进而得出语句覆盖信息以及动态内存信息等。

(1) 主要功能

CodeTEST 利用专利的插桩技术（打点式插桩技术），提供了一种侵入较少的实时嵌入式软件分析解决方案。CodeTEST 的主要功能有以下几点：追踪嵌入式应用程序的运行状态、分析软件性能、测试软件代码覆盖率与存储器动态分配、捕获各函数运行的时间特性。

CodeTEST 软件分析工具可以支持绝大多数实时操作系统（Real Time Operating System，RTOS）。CodeTEST 以任何有外部地址和数据总线的 16 bit 或 32 bit 处理器为目标，可以支持的处理器包括 PowerPC、ColdFire、ARM、x86、MIPS、DSP（TI，ADI，Starcore）等。

(2) 产品构成

基本的CodeTEST系统包括以下四个模块：性能分析、测试覆盖分析、动态存储器分配分析、执行追踪分析（TRACE）。

CodeTEST所支持的代码覆盖率测试包括：

1）修正的条件/判定覆盖（MC/DC）：符合最高级别的代码覆盖率测试，支持美国DO178B和美国FAA软件代码覆盖率评测最高标准；

2）语句及判定覆盖：符合DC级别的代码覆盖率测试，支持美国DO178B和美国FAA软件评测DC级标准。

CodeTEST的硬件可选项：不同的被测系统可选择相应的连接适配器，主要包括：

PCI（slot）Adatper：PCI总线适配卡。

CPCI（compact PCI）Adapter：CPCI总线适配卡。

PPC 860 Adapter：860CPU的专用连接适配器。

PPC 750 Adapter：750CPU的专用连接适配器。

MPC 603e Adapter：603eCPU的专用连接适配器。

190-pin Mictor Adapter：标准型190针Mictor适配器。

PMC（PCI on mezzanine）Adapter：PMC总线适配卡。

VME Adapter：VME总线适配卡。

38-pin Mictor Adapter：标准型38针Mictor适配器。

CodeTest设备组成如图4-51所示。

(3) 测试覆盖分析结果

某软件的测试工作中，CodeTEST覆盖率分析在实际测试工作中提高了测试效率，通过观察覆盖率趋势，可以减少测试次数，在一个实时运行的目标系统中，可以给出比较详细的软件运行过程，判定测试的终止条件，且提供的报告可以直接列入测试过程和测试条件描述的文档中使用。

使用CodeTEST得出的函数覆盖率统计，如图4-52所示。覆盖率趋势如图4-53所示。

(4) 性能分析结果

通过多窗口显示任务活动、函数活动和调用，可以优化关键函数的算法，调整调用接口及纠正任务的优先权。

任务性能如图4-54所示，函数性能如图4-55所示，调用关系和次数如图4-56所示。

(5) 内存分析结果

通过CodeTEST动态内存分配分析，帮助识别内存漏洞，并了解内存分配情况。

动态存储器内存分配如图4-57所示，内存错误如图4-58所示。

(6) 执行追踪分析（TRACE）结果

通过软件执行追踪验证系统运行或运行时间是否满足要求，可以采用如下的几种追踪方式：高级方式如图4-59所示，控制流方式如图4-60所示，源代码方式如图4-61所示。

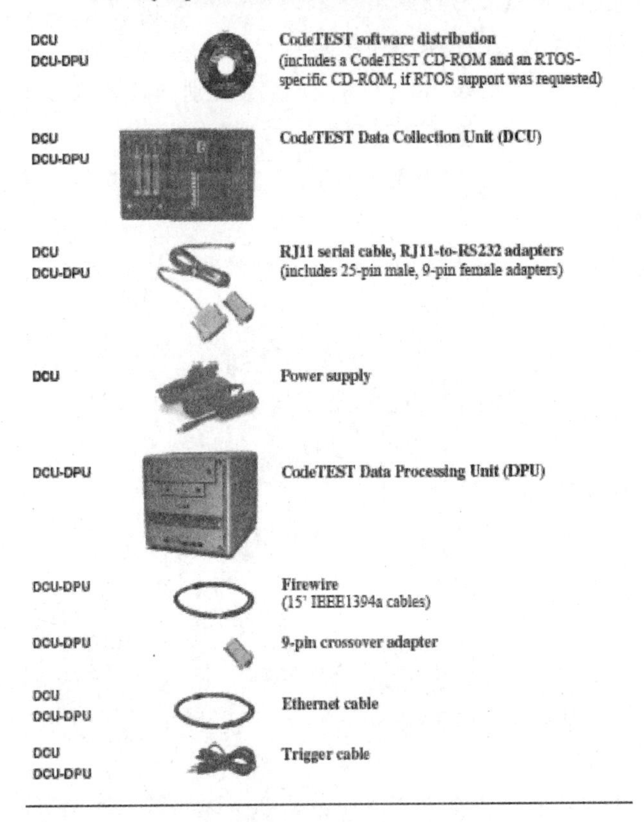

图 4-51　CodeTEST 设备组成

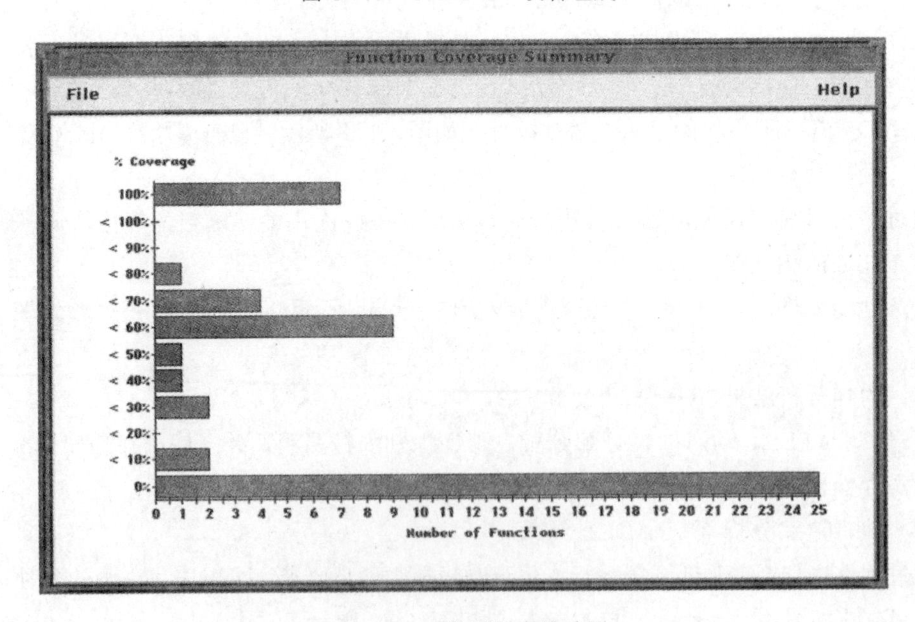

图 4-52　函数覆盖率统计图

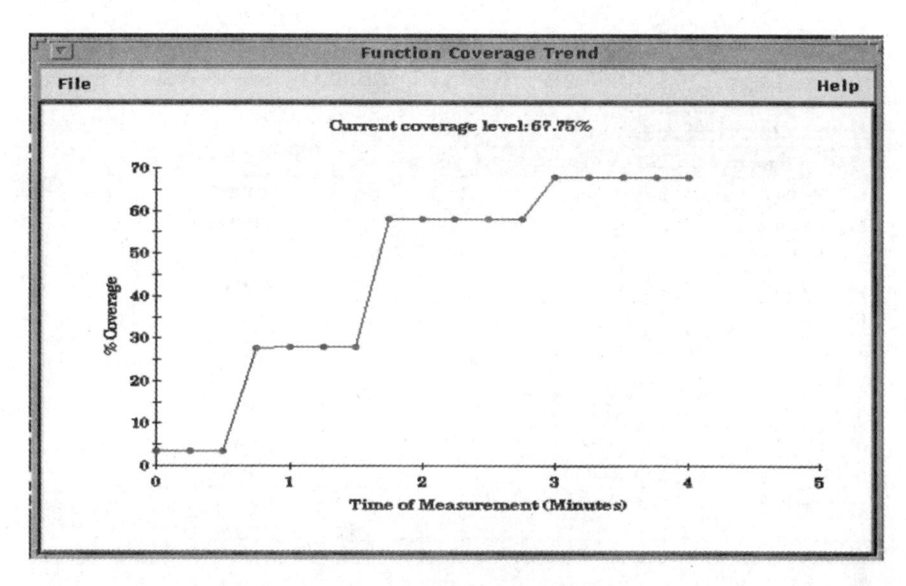

图 4-53　覆盖率趋势图

RTOS Task Performance

File　Window　Help

Find...　Filter...　Sort...　Setup...

Task Name	# Instanc	# Entries	Min	Max	Avg	Cumulative	% Total Time
HighPri Exception	5	15	127.779 mS	485.121 mS	316.960 mS	4.754 S	40.66%
OutCall Manager	4	10	148.803 mS	401.037 mS	291.737 mS	2.917 S	24.95%
Grouping	4	12	1.146 mS	672.886 mS	176.519 mS	2.118 S	18.11%
Display	5	6	106.761 mS	464.105 mS	300.568 mS	1.803 S	15.42%
User Requests	4	15	2.352 mS	25.042 mS	5.012 mS	75.186 mS	0.64%
LowPri Exception	4	15	384.2 uS	386.1 uS	385.1 uS	5.777 mS	0.05%
InCall Manager	5	13	331.5 uS	386.2 uS	381.2 uS	4.956 mS	0.04%
Root	1	8	540.8 uS	626.3 uS	583.4 uS	4.667 mS	0.04%
Quick Check	4	9	383.1 uS	385.4 uS	384.3 uS	3.458 mS	0.03%
FailNet	4	9	332.6 uS	386.7 uS	379.5 uS	3.416 mS	0.03%
Power Monitor	4	7	333.1 uS	385.9 uS	377.9 uS	2.646 mS	0.02%

图 4-54　任务性能图

Function Performance

File　Window　Help

Find...　Filter...　Sort...　Setup...

Function	# XEQ	Min	Max	Avg	Cumulative	% Total Time
getCmdFromHos	192782	86.1 uS	90.3 uS	89.5 uS	17.247 S	31.17%
returnCmdResul	192782	43.4 uS	47.6 uS	46.9 uS	9.035 S	16.33%
parseCmd	192782	43.3 uS	47.7 uS	46.7 uS	9.006 S	16.28%
handleCmd	428	2.806 mS	21.860 mS	12.354 mS	5.288 S	9.56%
bubble_sort	1467	10.8 uS	10.748 mS	2.814 mS	4.128 S	7.46%
shell_sort	1467	10.1 uS	6.062 mS	2.068 mS	3.034 S	5.48%
Rquick	30001	6.1 uS	115.4 uS	97.9 uS	2.937 S	5.31%
swap	155802	8.1 uS	9.4 uS	8.7 uS	1.349 S	2.44%
gen_random	1468	9.8 uS	1.713 mS	831.6 uS	1.221 S	2.21%
userProgram	57	5.705 mS	28.687 mS	8.637 mS	492.326 mS	0.89%
gen_descending	1467	10.9 uS	609.6 uS	299.8 uS	439.854 mS	0.80%
gen_ascending	1467	10.8 uS	537.6 uS	265.1 uS	388.954 mS	0.70%
outdot	857	234.7 uS	244.1 uS	238.9 uS	204.771 mS	0.37%
multiSort	46	59.9 uS	7.647 mS	4.307 mS	198.100 mS	0.36%
outdsp	586	211.2 uS	213.4 uS	212.3 uS	124.406 mS	0.22%

图 4-55　函数性能图

Performance: Call Linkage Table

File　Window　　Help

Find...　Filter...　Sort...　　Setup...

Calling Function	Called Function	Number of Calls
handleCmd	parseCmd	409557
handleCmd	getCmdFromHost	409557
handleCmd	returnCmdResult	409557
bubble_sort	swap	180169
Rquick	Rquick	47140
shell_sort	swap	43623
Rquick	swap	34383
quick_sort	Rquick	2414
multiSort	gen_ascending	2367
multiSort	gen_random	2367
multiSort	bubble_sort	2367

图 4-56　调用关系和次数图

Memory Allocation By Function

File　　Help

Find...　Filter...　Sort...　　Setup...

Function	Source File	Line #	# XEQ	Type	Min Block	Max Block	Average	Bytes Allocated
getSymNode	memMgmt.c	205	9	Calloc	174	832	400	704
extendNode	memMgmt.c	215	19	Realloc	100	856	307	1074
initializeSymPo	memMgmt.c	230	10	Malloc	32	456	228	32
makeUserPacke	memMgmt.c	240	14	Malloc	88	824	535	772
getHdrSymNode	memMgmt.c	245	8	Calloc	120	504	321	360
makeDefaultPac	memMgmt.c	250	7	Malloc	52	832	403	844
makeSuperPack	memMgmt.c	255	4	Malloc	294	522	438	0
enlargePacket	memMgmt.c	260	24	Realloc	52	1016	311	58
createUserRecor	memMgmt.c	280	7	Malloc	44	736	326	176
createNullRecor	memMgmt.c	285	4	Malloc	52	856	302	184
createSuperRec	memMgmt.c	290	2	Malloc	672	952	812	0
addRecExtensio	memMgmt.c	295	18	Realloc	22	920	429	2010
addRecExtensio	memMgmt.c	300	15	Realloc	42	784	300	0

图 4-57　动态存储器内存分配图

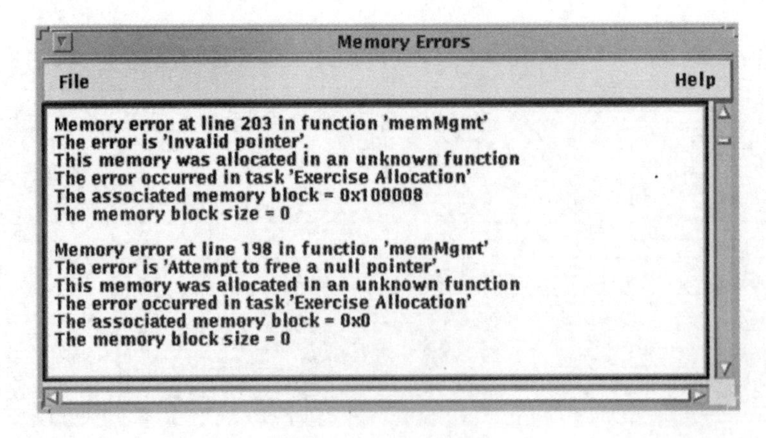

Memory Errors
File
Help
Memory error at line 203 in function 'memMgmt'
The error is 'Invalid pointer'.
This memory was allocated in an unknown function
The error occurred in task 'Exercise Allocation'
The associated memory block = 0x100008
The memory block size = 0
Memory error at line 198 in function 'memMgmt'
The error is 'Attempt to free a null pointer'.
This memory was allocated in an unknown function
The error occurred in task 'Exercise Allocation'
The associated memory block = 0x0
The memory block size = 0

图 4-58　内存错误图

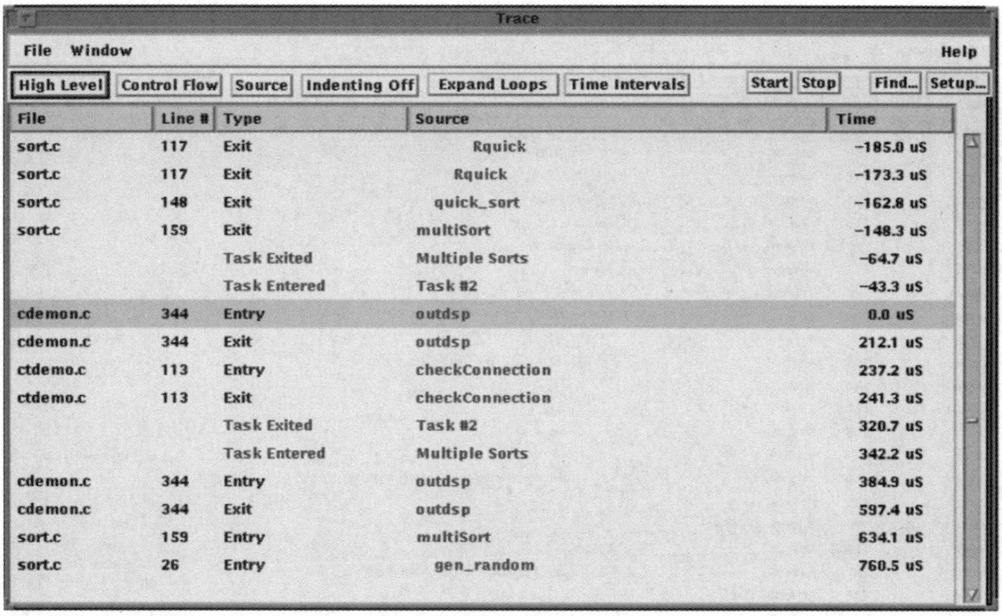

Trace

File　Window　Help

High Level　Control Flow　Source　Indenting Off　Expand Loops　Time Intervals　Start　Stop　Find...　Setup...

File	Line #	Type	Source	Time
sort.c	117	Exit	Rquick	-185.0 uS
sort.c	117	Exit	Rquick	-173.3 uS
sort.c	148	Exit	quick_sort	-162.8 uS
sort.c	159	Exit	multiSort	-148.3 uS
		Task Exited	Multiple Sorts	-64.7 uS
		Task Entered	Task #2	-43.3 uS
cdemon.c	344	Entry	outdsp	0.0 uS
cdemon.c	344	Exit	outdsp	212.1 uS
ctdemo.c	113	Entry	checkConnection	237.2 uS
ctdemo.c	113	Exit	checkConnection	241.3 uS
		Task Exited	Task #2	320.7 uS
		Task Entered	Multiple Sorts	342.2 uS
cdemon.c	344	Entry	outdsp	384.9 uS
cdemon.c	344	Exit	outdsp	597.4 uS
sort.c	159	Entry	multiSort	634.1 uS
sort.c	26	Entry	gen_random	760.5 uS

图 4-59　软件执行追踪——高级方式

Trace

File　Window　Help

High Level　Control Flow　Source　Indenting Off　Expand Loops　Elapsed Times　Start　Stop　Find...　Setup...

File	Line #	Type	Source	Time
sort.c	148	Entry	quick_sort	15.3 uS
sort.c	117	Entry	Rquick	24.1 uS
sort.c	120	Branch (If)	if (lo < hi) {	6.6 uS
sort.c	124	Branch	while (i <= j) {	20.1 uS
sort.c	126	Branch (5 times)	while (OUTPUT_DATA[i] < pivot)	42.5 uS
sort.c	126	Branch	;	6.7 uS
sort.c	128	Branch	while (OUTPUT_DATA[j] > pivot)	12.6 uS
sort.c	128	Branch	;	7.6 uS
sort.c	129	Branch (If)	if (i <= j) {	5.6 uS
sort.c	65	Entry	swap	7.1 uS
sort.c	65	Exit	swap	8.9 uS
sort.c	124	Branch	while (i <= j) {	8.1 uS
sort.c	126	Branch	;	11.6 uS
sort.c	128	Branch	;	12.0 uS
sort.c	129	Branch (If)	if (i <= j) {	5.6 uS
sort.c	65	Entry	swap	7.2 uS
sort.c	65	Exit	swap	8.6 uS
sort.c	124	Branch	while (i <= j) {	8.5 uS
sort.c	126	Branch	while (OUTPUT_DATA[i] < pivot)	12.4 uS
sort.c	126	Branch	;	6.7 uS
sort.c	128	Branch	;	11.9 uS
sort.c	133	Branch		8.8 uS
sort.c	138	Branch (Else)	if ((j - lo) < (hi - i)) {	11.7 uS
sort.c	117	Entry	Rquick	22.4 uS

图 4-60　软件执行追踪——控制流方式

Trace

File Window Help

High Level | Control Flow | Source | Indenting Off | Expand Loops | Elapsed Times | Start | Stop | Find... | Setup...

File	Line #	Type	Source	Time
sort.c	148	Entry	quick_sort	15.3 uS
sort.c	149	Source	{ /* Quick_Sort */	
sort.c	150	Source	Rquick(0, n - 1);	
sort.c	151	Source	} /* Quick_Sort */	
sort.c	117	Entry	Rquick	24.1 uS
sort.c	118	Source	{ /* Rquick */	
sort.c	119	Source	int i, j;	
sort.c	120	Source		
sort.c	121	Source	if (lo < hi) {	
sort.c	120	Branch	{	6.6 uS
sort.c	121	Source	pivot = OUTPUT_DATA[(lo + hi)>>1];	
sort.c	122	Source	i = lo;	
sort.c	123	Source	j = hi;	
sort.c	124	Source	while (i <= j) {	
sort.c	124	Branch	{	20.1 uS
sort.c	125	Source	while (OUTPUT_DATA[i] < pivot)	
sort.c	126	Source	i++;	
sort.c	126	Branch (5 times)	i++;	42.5 uS
sort.c	126	Branch	;	6.7 uS
sort.c	127	Source	while (OUTPUT_DATA[j] > pivot)	
sort.c	128	Source	j--;	
sort.c	128	Branch	j--;	12.6 uS
sort.c	128	Branch	;	7.6 uS
sort.c	129	Source	if (i <= j) {	

图 4-61 软件执行追踪——源代码方式

（7）产品特点

CodeTEST 使用插桩技术监测代码。无论是仅使用软件，还是使用集成开发环境（IDE）或硬件探针技术，CodeTEST 均可以较好地适应环境。被测软件插桩处理过程中，在不过多影响源代码的前提下，将插桩标记插入代码。运行结果采集时，标记被发送至数据收集代理，然后发送至主机进行分析。采用此技术，CodeTEST 可以提供性能、覆盖和内存分析，以及与逻辑分析工具相似的软件执行追踪能力。

CodeTEST 可同时监视整个应用程序，这就避免了在选择程序的哪部分来观测以及如何配置相应工具来对各部分进行测试时带来的困难。即便是在程序超出高速缓存（cache）或被动态再分配时，CodeTEST 仍能生成可靠的追踪及测试结果。在进入连续运行模式时，CodeTEST 能够同时测试出软件的性能、代码覆盖以及存储器动态分配，捕获函数的每一次运行状态。

某航天嵌入式软件通过使用 CodeTEST 完成了对一些基于 VxWorks 等应用的软件测试工作。测试的主要方向是关键函数（任务）的时间特性分析、覆盖率分析等。

4.3.3 其他测试工作辅助工具

支持测试活动的其他工具主要包括支持测试计划、测试设计和整个测试过程的工具，如测试计划生成、测试进度和人员安排评估、基于需求的测试设计、测试数据生成、问题管理和测试配置管理等工具。

4.4 测试环境

测试环境（Testing environment）是指为了完成软件测试所必需的计算机硬件、软件、网络设备、数据的总称。

国内外动态测试工具主要是一些基于主机平台的测试工具，对嵌入式软件的动态测试的支持相对比较薄弱，这主要是由嵌入式软件的特点决定的：嵌入式软件大多具有与外界环境交联多，I/O 数据复杂多样，闭环处理且实时性强，可靠性、安全性和健壮性要求高等，还有一些嵌入式软件具有较强的容错、并发等特点。随着嵌入式软件日趋复杂，构建实际真实的嵌入式场景需要大量资源的配合，因此迫切需要虚拟环境测试场景提高嵌入式软件测试工作的效率和完整性。

对于实时嵌入式软件，在系统开发环境和系统集成测试环境中都不能满足软件测试环境的需求，这是因为它们使用的交联系统往往都是实物，有许多诸如时序错误、接口错误很难实现，从而也无法对软件的接口进行充分的测试。一旦嵌入式软件在实际环境下出错，则有可能影响其他交联系统，甚至对它们及整个系统造成无法弥补的损失。因此在软件测试中构建一种仿真测试环境就成为迫切的需求。嵌入式软件测试环境，主要是构建适合多种接口形式的嵌入式软件运行环境，支持功能、性能、接口和边界等测试类型，用于完成嵌入式软件的测试。

嵌入式实时软件在开发的不同阶段，涉及大量的测试活动，不同的测试活动需要有不同的测试环境，达到不同的测试目标。一些测试组织将测试过程分为 MiL、SiL、HiL 与 ST 等测试。

MiL：model - in - the - loop，模型在回路测试，一种在模拟环境中，对系统的模拟模型进行动态测试的测试层次。在早期系统开发时对整个系统进行模拟，用于验证概念、优化设计。

SiL：software - in - the - loop，软件在回路测试，在一个模拟环境或试验硬件环境中，使用实际软件来进行动态测试的测试层次。在系统的软件开发出来后，软件运行在一个仿真目标机上，用于测试真实的软件，验证软件在资源约束条件下对功能实现的正确性。

HiL：hardware - in - the - loop，硬件在回路测试，在一个模拟环境中，使用实际的硬件来进行动态测试的测试层次。将系统的软件放到真实的目标机上运行，考察软件在目标机上运行是否满足设计要求。

ST：system - test，系统测试，在一个真实的环境中，对系统进行测试。将整个真实的系统环境建立后，考察在真实环境中软件和硬件的接口是否有错误。

图 4 - 62 给出了不同测试环境中，测试输入和输出的复用示意图。

4.4.1 嵌入式软件仿真测试环境

航天型号典型的嵌入式软件通过采集数据、计算控制、输出指令来控制设备运行。在

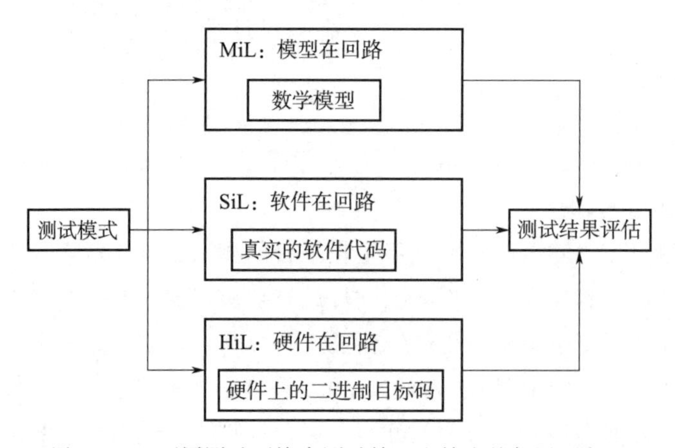

图 4-62　不同测试环境中测试输入和输出的复用示意图

运行过程中，软件需要与各项设备频繁交互，且有严格的时序要求。整个输入、输出结合外围环境是一个自闭合的控制反馈过程，单纯的输入、输出不具有任何物理意义，即某个控制节拍（时刻）的运行剖面是上一个控制节拍某些数据经过积分（或微分）网络计算出来的。嵌入式软件要和外部环境进行数据交互和反馈控制，对外部环境的准确仿真建模，是测试控制功能的必要条件。系统仿真的难点在于确保对外围环境的实时仿真，以及整个仿真环境稳定性好且精度高。系统仿真建立好后，才可以根据测试目的生成测试用例，通过仿真计算出预期结果，形成测试用例评价标准。

嵌入式软件测试环境大致分为仿真测试环境和实装测试环境。综合测试目的、测试结果可信度评价和研发成本和进度，航天型号嵌入式软件多选择以硬件在回路（HiL）仿真测试环境为主，软件在回路（SiL）仿真测试环境为辅的测试环境策略。

4.4.1.1　硬件在回路（HiL）仿真测试环境

硬件在回路（HiL）仿真测试环境的优点是软件运行环境真实，测试结果可信度高。根据硬件接近真实环境的程度，又可以分为目标机和目标板两种测试环境。

目标机在回路仿真测试环境，有时也称为半实物仿真环境，一般由一台主机和目标机组成。目标板测试平台由一块专用的目标板和一台计算机组成。

图 4-63 所示是测试用例运行在两种硬件在回路仿真测试环境的示意图。

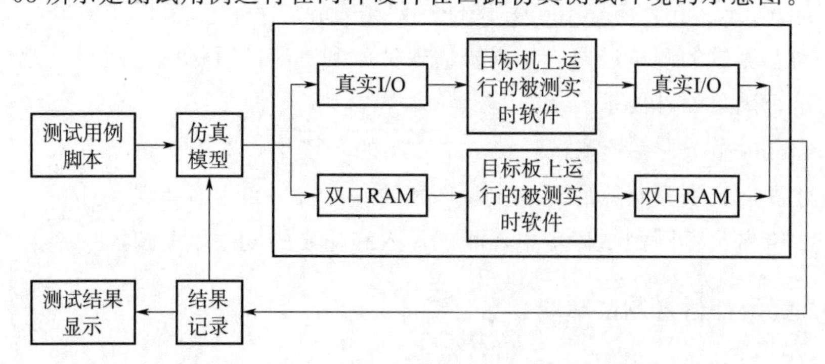

图 4-63　两种硬件在回路仿真测试环境下测试用例运行示意图

半实物仿真测试环境是利用仿真模型来仿真被测软件的外围设备，而被测软件运行在真实目标机上。

常见的嵌入式半实物仿真测试环境采用上下位机的系统架构，上位机采用一般工控机，安装通用操作系统，开发具有丰富人机交互能力的测试设计与调度软件。下位机采用 CPCI/PXI 架构的测控计算机箱和控制器作为测试实时主机，运行 VxWorks 实时操作系统，与被测系统构成闭环反馈的仿真测试系统。下位机所开发的实时仿真任务可以与 VxWorks 内核构成实时机运行的仿真程序。

嵌入式半实物仿真测试环境需要利用各类硬件板卡资源实现与被测件接口的交互，为满足互换性要求，平台常利用虚拟仪器的概念，将硬件驱动层做进一步的抽象，独立形成满足标准的 AD、DA、DI、DO、RS-232/422/485、CAN、1553、RapidIO、ARINC429 等驱动虚拟化层，软件采用分层架构，测试人员一般通过协议描述语言，使用编程的方式定义数据通信格式，在测试用例脚本和监控仪器中引用协议中的字段，对通信数据进行操作，自动化地完成对待测系统的接口测试。

半实物仿真测试环境中，外部仿真设备模拟被测软件运行所需的输入激励，为目标机提供激励信号输入，驱动被测软件的运行，并接收、处理被测软件的输出数据，保证软件的连续、不间断运行，实行自动化测试。半实物仿真测试环境中，不是所有的外围设备都采用仿真实现，可随着项目的进展以及根据外设的复杂性，有选择性地加入真实外围设备。

在上位机上主要进行的是测试前的数据准备和测试后处理等非实时工作，而实时工作是通过仿真和激励部分完成的。上位机根据被测系统的要求，通过 I/O 定义和环境描述来对仿真和激励部分进行配置，同时将事先生成的测试用例输入脚本通过仿真和激励部分传达给目标机，测试脚本规定了整个测试数据的时序和流程。实时测试开始后，在目标机上执行被测软件，目标机的输出作为仿真和激励部分的输入，由仿真和激励部分算出下一个控制节拍目标机的输入，由此形成一个闭环。测试环境实现与外部设备系统之间的实时通信，完成测试用例的加载、实时产生需要的输入数据、测试结果采集等测试执行控制功能。

图 4-64 所示为目标机在回路仿真测试环境示意图。

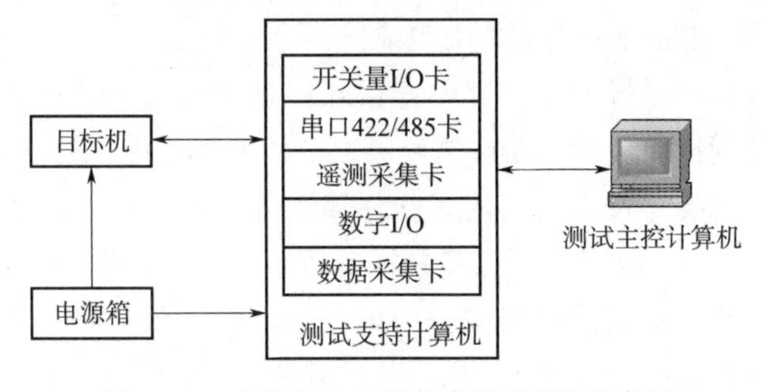

图 4-64　目标机在回路仿真测试环境示意图

目标板在回路仿真测试环境不需要完全模拟目标机实际环境，只需要模拟被测软件的输入输出数据格式与内容，数据通过 FPGA 映射到 CPU 芯片的双口 RAM 地址中，以供被测软件实时读取。

图 4-65 所示为目标板在回路仿真测试环境示意图。

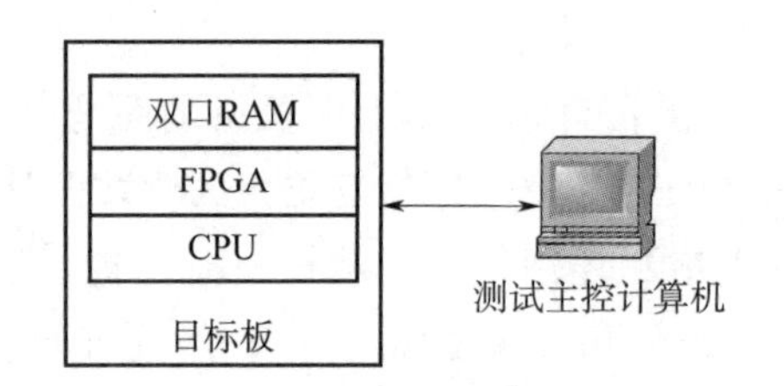

图 4-65 目标板在回路仿真测试环境示意图

搭建硬件在回路（HiL）仿真测试环境的难点在实现实时数据交换，这就导致了一系列的实时系统运行环境要求，在操作系统方面，采用专用的商业用硬实时 RTOS（线程切换时间控制在 μs 级内）。在硬件方面，采用满足时间性能的接口，比如高速数据采集卡、高速 ADC、高速的处理器、精确的定时时钟。在实现编码方面，要考虑语言是否实时有效。在系统设计和验证方面，需要高时间性能的算法和建模仿真工具。

4.4.1.2 软件在回路（SiL）仿真测试环境

软件在回路（SiL）仿真测试环境，也称全数字仿真测试环境，是指仿真嵌入式系统硬件及外围环境的一套软件系统。全数字仿真环境通过 CPU、控制芯片、I/O、中断、时钟等仿真器的组合在宿主机上构造嵌入式软件运行所必需的硬件环境，为嵌入式软件的运行提供了一个精确的数字化硬件环境模型。

全数字仿真测试环境首先对嵌入式系统中的硬件环境进行描述，构造出一个可以支持嵌入式软件运行的仿真硬件模型，然后在该虚拟模型上配合相应的软件动态测试工具，就可以完成对嵌入式软件的测试。

在这个环境中，所有虚拟硬件都是采用软件仿真的方法来对真实硬件部件的行为进行描述。全数字仿真测试环境把将要应用于目标系统上的嵌入式软件经交叉编译链接产生的二进制代码下装到虚拟内存中，就可以启动系统的工作，进而模拟整个嵌入式系统的工作过程。运行于该环境中的软件，就是最终将要运行于真实环境中的软件，因此，在仿真环境中得到的对于软件自身的特性分析相对可靠。

由于所有构成嵌入式系统的硬件部件都由软件设计完成，因而这个仿真环境的可见性、可操作性和可控制性比较好，并且软件虚拟部件易于复用、集成和进行适应性改造，提供了不依赖于目标机的非侵入式嵌入式软件测试的有效手段。在全数字仿真测试环境中，测试人员可以在相关硬件环境不具备的条件下，针对被测软件完成软件的功能测试、结构测试、边界测试和异常情况下测试等测试项目，可以大大提高嵌入式软件的测试效率、能力和水平，从而更好地保证软件质量与可靠性。

图 4-66 给出了嵌入式软件全数字仿真测试环境组成结构示意图。

软件在回路（SiL）仿真测试环境的优点是可以不受硬件环境资源的约束，可以在任何语句处设置标志，提取信息（运行时间、内存变量内容及判别），也可对任何变量进行跟踪判断，而不影响其他功能。

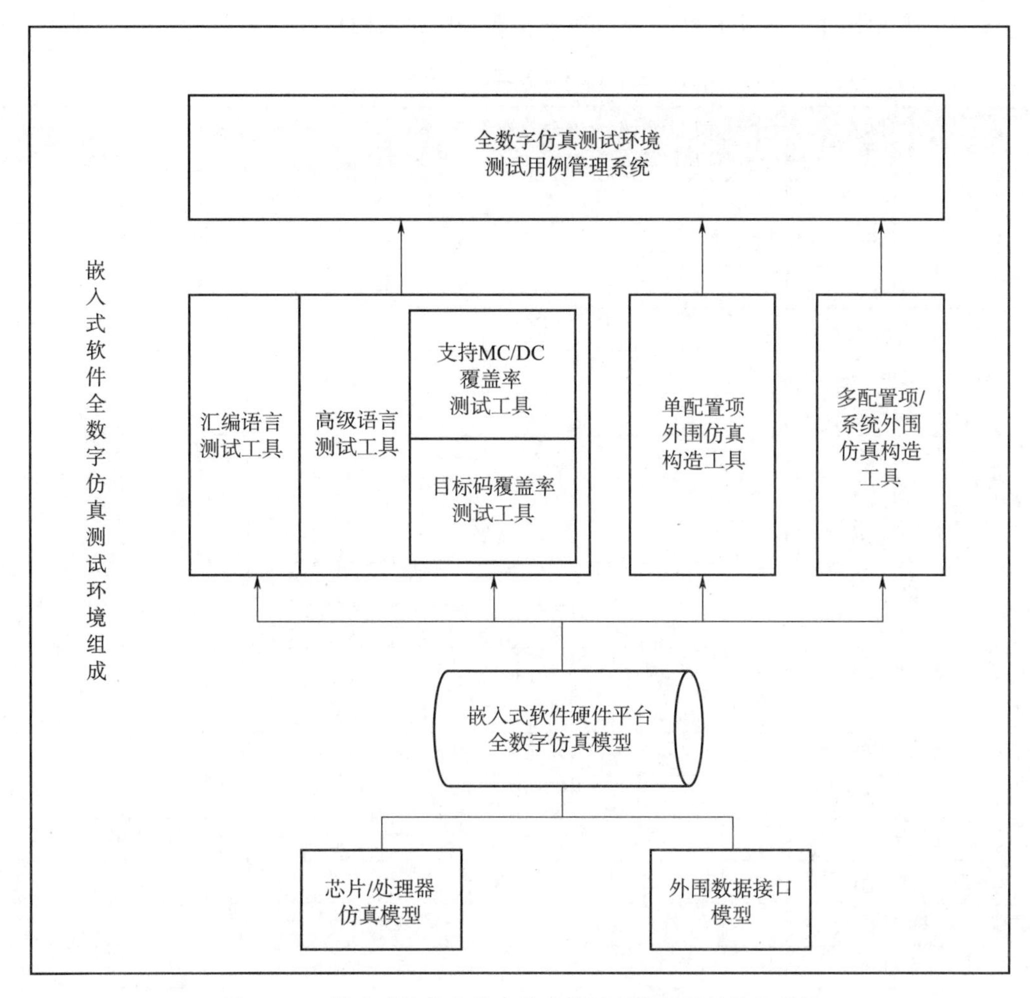

图4-66 嵌入式软件全数字仿真测试环境组成结构示意图

搭建软件在回路（SiL）仿真测试环境的难点在于确保对被测软件芯片模拟的准确性，包括被测软件运行的处理器CPU（如Intel 80X86、96、TMS320C3X/4X等、ADSP21XX等）、目标机上的内存、外围可编程芯片（8259、8251、8253）以及上述各器件间连接的模拟，从而构造出支持被测软件运行的硬件环境。其中，对CPU的模拟包括模拟的CPU指令集、寄存器、中断处理机制；对内存的模拟包括模拟的内存寻址、读/写机制；外围可编程芯片模拟包括模拟的工作模式、响应机制、输入/输出特性、功能特性等；器件间的连接模拟包括设定芯片的数据端口、控制端口的I/O地址以及输入输出关系。必须要和实际芯片运行结果进行逐一核实（对建立的目标运行环境模型正确性的验证）。此外，对模拟芯片运行必须采用高时间性能的算法，提高测试用例执行效率。

4.4.1.3 嵌入式软件仿真测试环境小结

航天型号嵌入式软件仿真测试环境的建立要根据具体软件的规模、开发和使用环境、开发人员的素质、开发方法进行妥善选择。

表 4－15 给出了三种仿真测试环境在开发和应用方面的比较结果。

表 4－15　三种仿真测试环境开发和应用比较表

三种仿真测试环境比较		硬件在回路(HiL)仿真测试环境(目标板)	硬件在回路(HiL)仿真测试环境(目标机)	软件在回路(SiL)仿真测试环境
硬件	成本	√	×	无
	可靠性	√	×	无
	复杂性	√	×	无
	工作量	√	×	无
	可维护性	√	×	无
软件	成本	√	√	×
	可靠性	√	√	×
	复杂性	√	√	×
	工作量	√	√	×
	可维护性	√	√	√
使用	真实性	√	√	×
	实时性	√	√	×
	效率	√	√	×
	白盒测试支持	√	√	√
	图形界面	√	√	√
其他	功能增加方便性	√	×	√
	便携性	√	×	√
	可移植性	×	×	√
	可扩展性	√	×	√
	并行执行	×	×	√

由上表可见，硬件在回路仿真测试环境更加真实可信，执行测试用例效率高；软件在回路仿真测试环境由于可以任意提取信息，对结果分析（尤其是精度分析）和错误定位提供了有力的手段。

航天型号嵌入式软件测试的复杂性由于软硬件结合复杂性的增加也越来越大。对于嵌入式软件的仿真测试环境提出更高的要求，根据开发进度和测试需要，有目的和策略地选择应用三种测试环境，可以互为补充互为验证，共同测试软件的功能性能指标。测试环境还需增强仿真的可视性和自动化性，以提高验证和测试效率。

4.4.2　实装测试环境

在实装测试环境中，被测软件处在完全真实的运行环境中，直接将整个系统和其外围的物理设备建立真实的连接，形成闭环进行测试。实装测试环境是基于真实目标机和真实外围设备的测试环境，是对嵌入式软件与硬件结合的综合测试，是对整个嵌入式系统软硬件的综合测试，只有在系统研制的后期，所有硬件研制工作都已完成后才能进行。

第5章 航天型号嵌入式软件验证实践与经验

航天型号软件的测试体系从20世纪90年代开始逐渐建立，经过30年的发展，现已形成一套技术和管理相结合的成熟应用体系，在这套体系下运作的专业软件评测机构已有许多家，其中不乏经历过重大系列型号软件的测试验证过程，在这个过程当中，各家软件评测机构均进行了丰富的测试实践并积累了众多宝贵经验。

本章主要从软件测试标准与规范、项目测试流程、典型处理器的软件测试设计、典型接口的测试经验、嵌入式软件中断分析、安全性分析、可靠性测试这几个方面进行总结和归纳，结合典型案例的方式对测试经验进行介绍。

5.1 软件测试标准与规范

标准的分级有以下几类：

1）国际标准：由国际联合机构制定和公布，并供各国参考的标准；

2）国家标准：由政府或国家级机构制定或批准，适用于全国范围的标准；

3）行业标准：由行业机构、学术团体或国防机构制定，并适用于某一业务领域的标准；

4）企业标准：由一些大型企业或公司制定的、适用于本部门的标准；

5）型号规范：由某一科研生产项目组织制定，且为该项任务专用的软件工程规范。

软件测试的部分国内外标准见表5-1。

表5-1 软件测试的部分国内外标准

标准号	名称
ISO/IEC/IEEE 29119-1	Software and Systems Engineering Software testing Part 1 Concepts and Definitions
ISO/IEC/IEEE 29119-2	Software and Systems Engineering Software testing Part 2 Test Processes
ISO/IEC/IEEE 29119-3	Software and Systems Engineering Software testing Part 3 Test Documentation
ISO/IEC/IEEE 29119-4	Software and Systems Engineering Software testing Part 4 Test Techniques
GB/T 8566	信息技术 软件生存周期过程
GJB/Z 141—2004	军用软件测试指南
GJB 2786A—2009	军用软件开发通用要求
GJB 438B—2009	军用软件开发文档通用要求
GJB/Z 102A—2012	军用软件安全性设计指南
GJB 8114—2013	C/C++语言编程安全子集
QJ 3027A—2016	航天型号软件测试规范

5.2 项目测试流程

项目的测试流程一般分为 8 个阶段，即项目建立、测试需求分析、测试策划、测试设计和实现、测试执行、回归测试、测试总结、交付，其中测试需求分析和测试策划两个阶段可并行进行。

测试流程中的八个阶段之间的关系如图 5-1 所示。

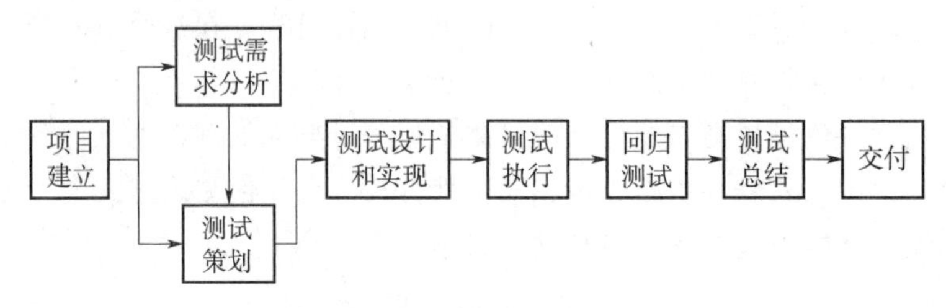

图 5-1 测试流程各阶段的关系

5.2.1 项目建立

1）明确测试输入：包括合同或等效文件、被测软件（含程序、执行文件、文档）等。

2）明确任务进度及评审要求。

3）明确测试输出：包括测评文档和记录。

5.2.2 测试需求分析

1）项目组根据软件测评任务书、合同或其他等效文件，以及被测软件的需求规格说明或设计文档，对测试任务进行测试需求分析，内容包括：

a）明确需要的测试类型及其测试要求，并进行标识（编号），标识应清晰、便于识别。测试类型包括文档审查、代码审查、静态分析、逻辑测试、功能测试、性能测试、接口测试、人机交互界面测试、强度测试、余量测试、可靠性测试、安全性测试、恢复性测试、边界测试、数据处理测试、安装性测试、容量测试、互操作性测试、敏感性测试、兼容性测试、标准符合性测试等。测试要求包括状态、接口、数据结构、设计约束等要求。确定的测试类型和测试要求均应与合同中提出的测试级别（单元测试、部件测试、配置项测试、系统测试）、测试类型相匹配；

b）确定测试类型中各个测试项及其优先级；

c）确定每个测试项的测试充分性要求。根据被测软件的重要性、测试目标、约束条件，确定每个项目应覆盖的范围及范围所要求的覆盖程度；

d）确定每个测试项测试终止的要求，包括测试过程正常终止的条件（如测试充分性是否达到要求）和导致测试过程异常终止的可能情况。

2）项目组应建立测试类型中的测试项与软件测评任务书、合同或其他等效文件、以及被测软件的需求规格说明或设计文档的追踪关系，并将结果文档化。

3）项目组应依据需求分析的结果，编写测试需求规格说明。

4）组织对“测试需求规格说明”的评审，并应受到变更控制和版本控制。

5）测试需求规格说明评审包括以下内容：

a）测试级别和测试对象所确定的测试类型及其测试要求是否恰当；

b）每个测试项是否进行了标识，并逐条覆盖了测试需求和潜在需求；

c）测试类型和测试项是否充分；

d）测试项是否包括了测试终止要求；

e）文档是否符合规定的要求。

5.2.3　测试策划

1）项目组根据软件测评任务书、合同或其他等效文件，以及被测软件的需求规格说明或设计文档和“测试需求规格说明”进行测试策划，策划工作包括：

a）确定测试策略。包括文档审查策略、静态分析策略、代码审查策略、更改确认策略、动态测试策略、需采集的度量及采集要求等；

b）对于测评任务书、合同要求对被测软件进行评价的项目，要确定被测软件的评价准则和方法；

c）确定测试需要的技术和方法，例如：测试数据生成与验证技术、测试数据输入技术、测试结果获取技术、等价类划分方法、边界值分析、因果图、设计检查、静态时序分析、形式验证、仿真测试、实物测试等，以及对非标准的测试方法、超出规定范围及扩充修改的标准测试方法；

d）基于对测试资源的估计，确定测试的资源要求，包括测试工具、测试设备、测试环境条件、人员要求、环境差异性分析等；

e）确定每个测试项测试终止的要求，包括正常终止和异常终止的情况；

f）基于对工作量和资源的估计，确定测试活动的进度；

g）确定测试任务的结束条件，根据软件测评任务书、合同或其他等效文件的要求和被测软件的特点确定结束条件，结束条件通常包括：被测软件按照测试说明中规定的内容完成了测试，已按要求完成任务书、合同和项目计划所规定的测试任务；客观、完备地记录测试中发现的所有问题；测试中发现的问题有正确有效的处理，对更改后的程序进行了回归测试或更改确认；测试文档齐全、符合规范，通过评审；全部测试文档、测试软件、被测软件等配置管理项已纳入配置管理；

h）进行测试风险分析，如技术风险、人员风险、资源风险和进度风险等，并提出应对措施；

i）确定要受控制的测试工作产品，一般包括测试需求规格说明、测试计划、测试说明、测试报告（含软件问题报告）、需求追溯表、测试执行记录等，列出清单；

j）确定项目的人员分配。

2）将策划工作的结果编写成测试计划，并建立测试计划与测试需求规格说明的追踪关系。

3）按要求组织对测试计划的评审，并应受到变更控制和版本控制。

5.2.4 测试设计和实现

1）项目组依据测试需求规格说明和测试计划进行测试设计，内容包括：

a）按需要分解测试项。将需测试的测试项进行层次化的分解并进行标识，若有接口测试，还应有高层次的接口图说明所有的接口和要测试的接口；

b）说明最终分解后的每个测试项。说明测试用例设计方法的具体应用、测试数据的选择依据等；

c）设计测试用例；

d）准备和验证测试用数据，并对数据进行备份、加密处理，确保数据的完整性、安全性和保密性；

e）确定测试用例的执行顺序；

f）按测试需求规格说明、测试计划的要求配置测试工具、测试设备和测试环境，对测试环境进行确认。

2）项目组建立测试用例与测试需求规格说明中测试项的追踪关系，并将测试设计的结果编写成测试说明文档。

3）组织对测试说明的评审，得到相关人员的认同，受到变更控制和版本控制。根据测试实际情况，修订测试说明。

4）对于在外场或现场执行的测试，测试环境和设备由被测方负责提供并维护，开展测试前，测试人员和设备提供方一起对测试设备的适用性进行确认。

5）组织测试就绪评审，形成“测试就绪评审报告”。

5.2.5 测试执行

1）项目组按测试计划和测试说明的内容和要求执行测试，包括按测试计划要求进行文档审查、代码审查和静态分析等静态测试；

2）测试执行人如实填写“测试用例执行单”，测试监督员对测试执行过程实施监督，确保测试用例按测试设计要求执行；

3）根据每个测试用例的实际测试结果、预期测试结果和评估准则，判定用例是否通过，对测试结果的判别依赖于背景专业知识的测试用例，应与有判定能力的专业人员共同判定；

4）当测试用例不通过时，需分析是测试工作的缺陷还是被测软件存在缺陷，如果是测试工作中的缺陷，包括测试说明的缺陷、测试数据的缺陷、执行测试步骤时的缺陷、测试环境中的缺陷等，均需记录在“问题及变更单”中；如果是被测软件的缺陷，则记录在“软件问题报告单”中；

5）当所有的测试用例都执行完毕后，项目组要根据测试的充分性要求和测试记录，分析测试工作的充分性是否满足，若不满足，则补充测试，直到满足测试充分性要求，或者分析不满足测试充分性的原因以及降级验证措施；

6）对软件问题进行确认：对于报告的软件问题，研制方设计师需对问题进行确认，并签署明确的处理意见，对于不修改的问题需提高一级确认；

7）当测试过程异常终止时，记录导致终止的条件、未完成的测试或未修改的错误。

5.2.6　回归测试

在被测软件更改后，项目组应委托方要求开展下述回归测试工作：

1）接收更改后的被测软件和软件更改单。

2）项目组开展软件更改的影响域分析，根据需要修改测试设计：

a）若修改涉及测试方法、测试环境和测试项，则应先修改测试需求规格说明文档和测试计划文档，再修改测试说明文档；

b）当测试项变化量超过原测试项总量的 20%时，需组织对修改后的文档进行评审；变化不超过 20%时，通过文档审签的方式对修改内容进行确认；

c）若只在原有测试项中增加、删除测试用例，则应修改测试说明文档或编写测试说明的补充说明，文档中应包含回归测试影响域分析；

d）当增加、修改和删除的测试用例数量超过原测试用例数的 20%时，需组织对测试说明或补充说明进行评审；变化不超过 20%时，通过文档审签的方式对修改内容进行确认；

e）若回归测试只需复用原有的测试用例，也应修改测试说明文档或编写测试说明的补充说明，描述回归测试影响域分析情况。

3）当项目过程中出现多次回归测试时，每次回归测试都应按上述要求执行。

4）实施回归测试，直到满足测试终止条件。

5.2.7　测试总结

1）项目组根据测评任务书、被测软件文档、测试文档、测试记录、软件问题报告等，对测试工作和被测软件进行分析和评价。

2）项目组对测试工作的分析和评价包括：

a）测试需求规格说明、测试计划、测试说明的变化情况及其原因；

b）测试异常终止时，说明未能被测试充分覆盖的范围及其理由。

3）被测软件的分析和评价包括：

a）测试中所反映的被测软件与软件需求（和软件设计）之间的差异；

b）差异评价被测软件的设计与实现，提出改进的建议；

c）配置项测试和系统测试时，测试总结中应对配置项和系统的性能进行评估。

4）建立测试用例执行情况、软件缺陷与测试用例设计的追踪关系，并将结果文档化。

5）将分析和评价的结果编写成软件测试报告，并组织对“测试报告”的评审。

5.2.8 交付

项目组按要求完成交付工作，项目结束。

5.3 典型处理器的软件测试设计

航天型号某典型处理器软件用C语言编写，为实时嵌入式软件，主要功能包括：通过RS-485总线接口与其他设备进行信息传输，完成对各种信息的采集处理；通过D/A口或开关量口输出指令，控制外部设备；接收系统发出的命令，进行相应的测试和计算。本节简要说明该典型处理器软件开展测试需求分析和测试设计的过程和方法。

5.3.1 要求的测试类型

该典型处理器的软件测试必须具备的测试类型包括功能测试、接口测试、性能测试、余量测试和安全性测试。

功能测试是对软件需求规格说明中的功能需求逐项进行的测试，以验证其功能是否满足要求。功能测试一般需进行：用正常值、非正常值的等价类输入数据值测试；进行每个功能的合法边界值和非法边界值输入的测试；用一系列真实的数据类型和数据值运行，测试超负荷、饱和及其他“最坏情况”的结果；在配置项测试时对配置项控制流程的正确性、合理性等进行验证。

接口测试是对软件需求规格说明中的接口需求逐项进行的测试。接口测试一般需进行：测试所有外部接口，检查接口信息的格式及内容；对每一个外部输入/输出接口必须做正常和异常情况的测试；测试硬件提供的接口是否便于使用；测试系统特性（如数据特性、错误特性、速度特性）对软件功能、性能特性的影响；对所有的内部接口的功能、性能进行测试。

性能测试是对软件需求规格说明中的性能需求逐项进行的测试，以验证其性能是否满足要求。性能测试一般需进行：测试在获得定量结果时程序计算的精确性（处理精度）；测试其时间特性和实际完成功能的时间（响应时间）；测试为完成功能所处理的数据量；测试程序运行所占用的空间；测试其负荷潜力；测试配置项各部分的协调性。

余量测试是对软件是否达到需求规格说明中要求的余量的测试。若无明确要求，一般至少留有20%的余量。余量测试一般需提供：全部存储量的余量；输入/输出及通道的吞吐能力余量；功能处理时间的余量。

安全性测试是检验软件中已存在的安全性、安全保密性措施是否有效的测试。测试应尽可能在符合实际使用的条件下进行。安全性测试一般需进行：对安全性关键的软件部件，必须单独测试安全性需求；在测试中全面检验防止危险状态措施的有效性和每个危险状态下的反应；对设计中用于提高安全性的结构、算法、容错、冗余及中断处理等方案，必须进行针对性测试；对软件处于标准配置下其处理和保护能力的测试；应进行对异常条件下系统/软件的处理和保护能力的测试（以表明不会因为可能的单个或多个输入错误而导致不安全状态）；对输入故障模式的测试；必须包含边界、界外及边界结合部的测试；对“0”、穿越“0”以及从两个方向趋近于“0”的输入值的测试；必须包括在最坏情况配置下的最小输入和最大输入数据率的测试；对安全性关键的操作错误的测试。

测试人员根据经验分析是否有其他测试类型，若有其他测试类型，如果找不到相关需求作为依据，应归类为“隐含需求”。不具备的测试类型应进行说明。

5.3.2　测试用例设计方法

根据软件需求规格说明，对软件进行测试需求分析，确定功能、性能、接口、余量、安全性测试要求，内容见表5-2。采用接口分析和数据流分析，确定软件接口信息，填写软件接口描述，格式见表5-3。依据设计文档，对功能、性能、接口、余量、安全性等测试要求，逐层分解得到不同层次的测试项，对测试需求分析中定义的测试项要逐一说明其应遵循的测试用例设计的思路，说明如何运用时序分析、等价类划分、因果图等方法进行测试用例划分，测试设计应考虑哪些因素，以及测试用例的组成。对每个测试项形成测试用例一览表，说明用例名称、测试类型、测试说明，测试说明中应体现检索关键词（如正常操作，异常操作、异常数据、边界数据……）。

表5-2　测试类型与要求

序号	测试类型	标识	测试要求
1	功能测试	GN	对软件需求规格说明中的功能需求逐项进行测试。 要求输入值覆盖正常值的等价类、非正常值的等价类和边界值
2	性能测试	XN	对软件需求规格说明中的性能需求逐项进行测试，测试要求获得定量结果。 测试程序是否满足： a)各任务控制周期（包括任务最多、通信超时等待、故障处理等极端异常情况下）按要求完成 b)通信超时时限
3	接口测试	JK	对软件需求规格说明中的接口需求逐项进行测试，按照通信协议的要求，检查所有外部接口数据传输的约定格式和内容，对每个接口需做正常和异常情况的测试。 正常通信包括： a)数字量正确发送和接收。 b)开关量的正确开出和读取。 c)模拟量A/D和D/A的正确转换。 数字量通信异常情况包括： a)通信超时。 b)CRC校验错
4	余量测试	YL	对软件需求规格说明中的性能余量需求逐项进行测试，测试要求获得定量结果
5	安全性测试	AQX	检验软件中已存在的安全性措施是否有效

表 5-3 软件接口描述

接口名称	接口标识	接口类型	来源	目的地	数据传输内容

5.3.3 测试项示例

动态测试的过程为首先对任务书、需求规格说明以及等效的其他文档进行分析，获得被测软件的功能需求、接口需求、性能需求、余量需求等，对每一类型的需求进行进一步的分析，得到测试项。这一步通常称作测试需求分析，测试需求分析的重点是编写测试项，其中测试项的重点是测试内容和测试充分性要求，测试充分性要求需要描述对本测试项的正常测试内容和异常测试内容，测试需求分析完成后，形成测试需求规格说明或测评大纲文档。测试需求分析结束后，进行测试设计，测试设计就是根据测试项中测试充分性的内容设计测试用例。动态测试用例设计方法一般采用白盒测试用例设计方法和黑盒测试用例设计方法，测试用例设计完成后，形成测试说明文档，下一步就可以根据设计的测试用例进行动态测试。

测试项通常包括如下要素：测试项名称、测试项标识、测试项追踪关系、测试项描述、测试内容及测试充分性要求、测试约束条件、测试方法、评判标准。测试项示例见表 5-4。

表 5-4 测试项示例

<table>
<tr><td colspan="2">测试项名称</td><td>逻辑转换功能测试项</td><td>测试项标识</td><td>TASK-LOGIC</td></tr>
<tr><td colspan="2">测试项追踪关系</td><td colspan="3">软件任务书XX、软件需求规格说明XX</td></tr>
<tr><td colspan="2">测试项描述</td><td colspan="3">测试工作模态控制转换的正确性</td></tr>
<tr><td>测试类型</td><td>功能测试</td><td colspan="3">1)测试内容及测试充分性要求：对控制系统的各种工作模态进行切换，考察控制转换以及控制指令的输出正确性。
2)测试约束条件：各测试设备能给出需要的测试输入数据。
3)测试方法：将 n 种工作模态和 m 种处理逻辑，依据状态转移矩阵，两两组合考察状态转移，并结合测试目的按输入等价类划分选择测试用例，验证状态转换是否满足需求的要求。
4)输入数据：输入各种状态的输入数据。
5)输出数据：查看各种状态指示灯。
6)判断准则：工作模态或逻辑的进入和退出符合需求的要求</td></tr>
</table>

5.3.4 测试用例示例

上电功能：上电后完成上电自检，自检内容包括对处理器的 CPU、寄存器、存储器进行自检。

测试组采用软件插桩的方法，模拟各种故障现象，并通过自检命令查看自检结果，测试应覆盖如下内容：

1）上电自检成功；

2）CPU 自检故障；

3）寄存器自检故障；

4）RAM 自检故障；

5）DRAM 自检故障。

上电功能测试用例说明见表 5 - 5。

表 5 - 5　上电功能测试用例说明表

测试用例标识	测试用例说明	测试类型
GN - ZJ - 001	上电自检成功	功能测试
GN - ZJ - 002	CPU 自检故障	功能测试
GN - ZJ - 003	寄存器自检故障	功能测试
GN - ZJ - 004	RAM 自检故障	功能测试
GN - ZJ - 005	DRAM 自检故障	功能测试

5.4　典型接口的测试经验

接口测试主要验证接口设计与实现、通信设计与实现两部分内容，具体要求如下：

1）接口设计与实现验证包括以下内容：

a）审查软硬件接口状态是否在所有时刻受控，即监视该接口以确保错误或虚假数据不会意外地影响该系统，接口的失效能够得到检测；

b）对开关量的操作是否与软件需求类文档的描述一致；

c）审查周期性外部输入的状态类异常数据，是否采取了以下推荐方式：放弃当前周期外部输入状态的异常值，维持前一周期外部输入状态的正常值；放弃当前周期外部输入状态的异常值，根据其他相关信息辅助判定当前状态；

d）审查周期性外部输入的数值类异常数据，是否采取了以下推荐方式：修正当前周期外部输入数据的异常值，进行限幅处理；放弃当前周期外部输入数据的异常值，以前一周期正常值替代；放弃当前周期外部输入数据的异常值，用前若干周期的正常值进行外推。

2）通信设计与实现验证包括以下内容：

a）审查数据发送方是否充分考虑了数据接收方的数据处理能力，在设计中是否避免了数据的发送方只负责发送数据，而不考虑数据的接收方能否正确接收和处理数据，如分析双方传输速率及传输周期，审查通信超时处理的实现是否合理，测试 FPGA 软件间发送数据的时钟、数据对齐方式等；

b）审查接收数据时是否进行了数据有效性验证，应覆盖如下异常处理设计：对通信协议中有明确物理范围的关键数据进行合理性检查；应考虑通信中丢帧头、丢帧尾等帧格式错误故障模式；不应在不知晓数据接收是否完整的情况下就进行后续功能操作等。另外，相关部分编码实现应严格按照通信协议完成；

c）审查数据接收方与数据发送方的数据传输是否协调一致并符合通信协议要

求，包括以下内容：数据定义与值域使用是否一致；在通信双方的交换字格式设计时，是否考虑到双方计算机的字长，采用方便双方交换的字格式；分析各软件的硬件环境是否存在字长不一致的情况，是否影响到了软件实现；对交换字各位解释说明其含义时，单一位的解释说明，不仅要说明为“1”的含义，还要说明为“0”的含义；多位解释说明时，不仅说明了特定组合的含义，还说明了其他组合的含义，如2位组合的含义解释说明时，不仅要说明“00”的含义、“01”的含义、“10”的含义，还要说明“11”的含义，可能有些是无定义，也可能是交换字错误，但要分析软件实现中是否明确解析；交换字应采用具有检错能力的编码，应具有CRC等校验措施；

d）软件在接收外部命令并执行时，应采用命令缓存的设计措施，并配以命令是否已执行且执行完的标志变量，避免前一命令尚未来得及处理就被后一命令覆盖；

e）审查软件间是否避免了双口RAM读写操作冲突，根据对内部与外部同时读写的存储单元读写周期的分析结果，明确防范读写冲突的要求；针对FPGA软件审查时，还应在读写冲突基础上，进一步分析是否会导致时序上的冲突。

5.4.1 GJB 289A（MIL-STD-1553B）通信总线测试经验

GJB 289A—1997标准名为《数字式时分制指令/响应型多路传输数据总线》，即MIL-STD-1553B总线，该总线技术通信应用较为广泛，具有通信数据可靠性高、通信冲突少、设备之间连接简单灵活、噪声容限高、速度快等特点，1553B总线技术从推出到现在不断改进，目前已经成为在航空航天领域占统治地位的总线标准。

5.4.1.1 总线通信帧定义

GJB 289A（1553B）总线通信以帧为单位传送数据，通信采用命令/应答帧方式，指令帧由控制器BC发出，应答帧由远程终端RT发出，某嵌入式软件设备采用双余度单总线结构，1553B中有10种消息格式，一般根据数据传输需要，使用消息格式有：BC到RT、RT到BC。

命令/应答帧由“指令字”、“状态字”、“数据字”三种形式的字组成，每个字长20位，包含3位同步头、16位信息段和1个奇偶校验位。在软件协议中，规定每帧数据长度采用定长数据还是不定长数据，其中最后一个数据字为“校验和字”，校验和字按规定的校验和算法计算得出。

（1）指令字

“指令字”用于BC控制和管理总线上的信息传输，为BC向RT发送的命令。

“指令字”由同步头、RT地址字段、发送/接收位（T/R）、子地址/方式字段、数据字计数/方式代码字段、奇偶检验位（P）组成，如图5-2所示。

“RT地址”占16位信息段的D15～D11位，“发送/接收位”占16位信息段的D10位，“0”表示BC发送、RT接收数据，“1”表示BC从RT读取数据。“子地址/方式”占

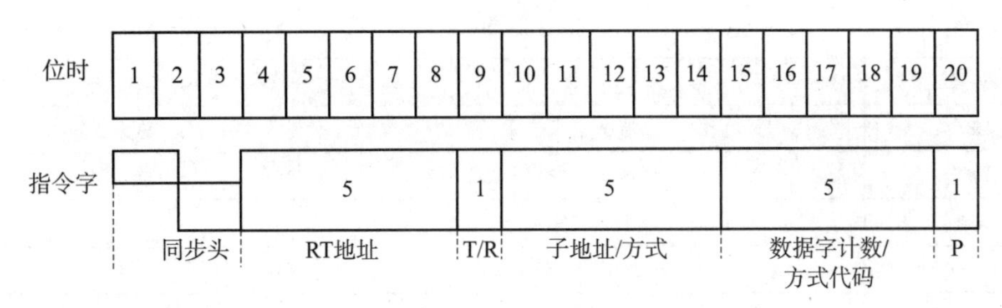

图 5-2　指令字格式

16 位信息段的 D9～D5 位。"数据字计数/方式代码" 占 16 位信息段的第 D4～D0 位，可取值范围为 1～32，全 1 表示十进制计数 31，全 0 表示十进制计数 32。

（2）状态字

"状态字"用于 RT 向 BC 报告状态信息。"状态字"在指定 RT 地址后由硬件自动产生，状态字由同步头、RT 地址字段、消息差错位、测试手段位、服务请求位、备用位、广播指令接收位、忙位、子系统标志位、动态总线控制接受位、终端标志位、奇偶校验位组成，根据系统数据传输需求，状态字格式如图 5-3 所示。状态字 16 位信息段的数据位定义见表 5-6，若"消息差错位"置 1，表示该 RT 在之前收到的消息中，有一个或多个字没有通过有效性测试。

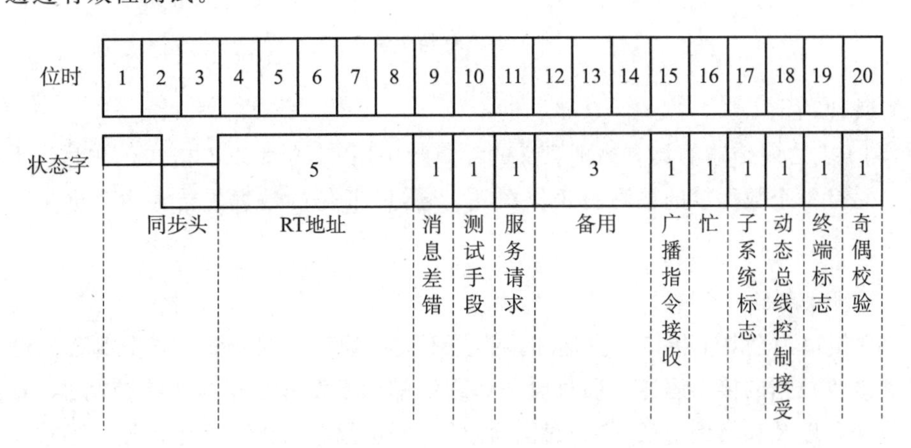

图 5-3　状态字格式

表 5-6　状态字数据位定义

数据位	功能	备注
D0	终端标志位	总为逻辑 0
D1	动态总线控制接受位	总为逻辑 0
D2	子系统标志位	总为逻辑 0
D3	忙位	总为逻辑 0
D4	广播指令接收位	总为逻辑 0
D5～D7	备用位	总为逻辑 0

续表

数据位	功能	备注
D8	服务请求位	总为逻辑 0
D9	测试手段位	总为逻辑 0
D10	消息差错位	使用
D11～D15	RT 地址	使用

（3）数据字

“数据字”用于传输数据。“数据字”由同步头、数据字段、奇偶校验位（P）组成，如图 5-4 所示。数据字位号编号自 00（第 4 位时）至 15（第 19 位时），其位 00 指定为最高有效位，位 15 指定为最低有效位。按 GJB 289A—1997 标准，最高有效位（位 00）在数据总线上首先发送。对多字组成的物理量，按高字高位在数据总线上首先发送。

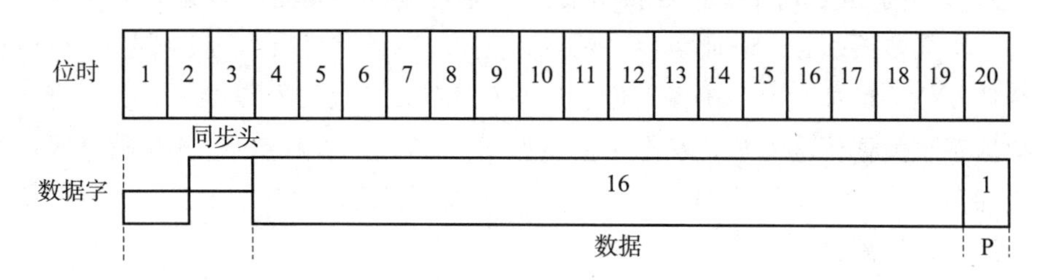

图 5-4　数据字格式

（4）其他约定

BC 和 RT 之间传输的具有物理意义的浮点数采用 32 位 IEEE 格式。在总线上传输的数据字，总是每个数据字的最高有效位在先。超过 16 位的数据先传输由高数据位组成的数据字。

5.4.1.2　测试经验

1553B 接口为全双工接口，发送和接收是不同的通道，因此测试可分为发送数据的接口测试和接收数据的接口测试。通过验证远程终端 RT 发送数据与总线控制器 BC 接收数据的一致性，以及和通信协议的一致性，可验证发送数据的接口的正确性。通过验证远程终端接收数据与总线控制器发送数据的一致性，可验证接收数据的接口的正确性。若接口使用中断的通信方式，应注意中断对时序的影响，并且接收方需对接收数据进行保护，避免在数据使用过程中造成中断冲突。当 1553B 总线通信涉及多通道、多配置项的场景时，包括周期性和非周期性的消息发送模式，要求具有强实时性，需要对通信消息进行实时解码和分析。

将 1553B 接口用例分为发送和接收模式，其中接收分为正常用例和异常用例，按照等价类划分的方法进行用例设计。在发送接口测试时，连接接口测试环境，在测试界面下，填写一帧数据，选取子地址以及配置接口参数，启动测试环境，查看 BC 接收数据，通过比对接收数据与发送数据的一致性，以及与通信协议的一致性，验证接口发送数据。在接收接口测试时，通过 BC 向 RT 发送有效数据和无效数据，查看 RT 是否能够接收正常数据，而不响应异常数据，验证接口的接收数据的功能。需要注意的是，在 RT 操作模式时，接收总线消息时应不仅要通过堆栈指针的查询判断当前是否有消息未处理，还要判断上一消息是否处理完成，若未完成应继续处理上一消息，才能保证数据在传输过程中不被遗留。

针对 1553B 接口的特点，测试时需注意以下方面：

1）对寄存器（包括配置寄存器、中断屏蔽寄存器、中断状态寄存器）存储区的设置进行审查；

2）对数据存储区的接收和发送地址初始化配置进行审查，包括 32 个子地址；

3）对发送方和接收方的通信模式进行审查，包括中断模式和查询模式；

4）为避免读写冲突，需对发送方和接收方的矢量字设置进行审查；

5）审查接收和发送数据是否与通信协议要求的一致；

6）接收数据方需对数据进行校验，即判断校验和是否一致。

5.4.2　CAN 总线测试经验

CAN 的全称为“Controller Area Network”，即控制器局域网，是国际上应用最广泛的现场总线之一。最初，CAN 被设计作为汽车环境中的微控制器通信网，在车载各电子控制装置 ECU 之间交换信息，形成汽车电子控制网络。比如发动机管理系统、变速箱控制器、仪表装备、电子主干系统中，均嵌入 CAN 控制装置。

CAN 总线使用串行数据传输方式，可在双绞线上运行，也可以使用光缆连接，这种总线支持多主控制器，一个由 CAN 总线构成的单一网络中，理论上可以挂接无数个节点。实际应用中，节点数目受网络硬件的电气特性所限制。

CAN 总线结构示意如图 5－5 所示。

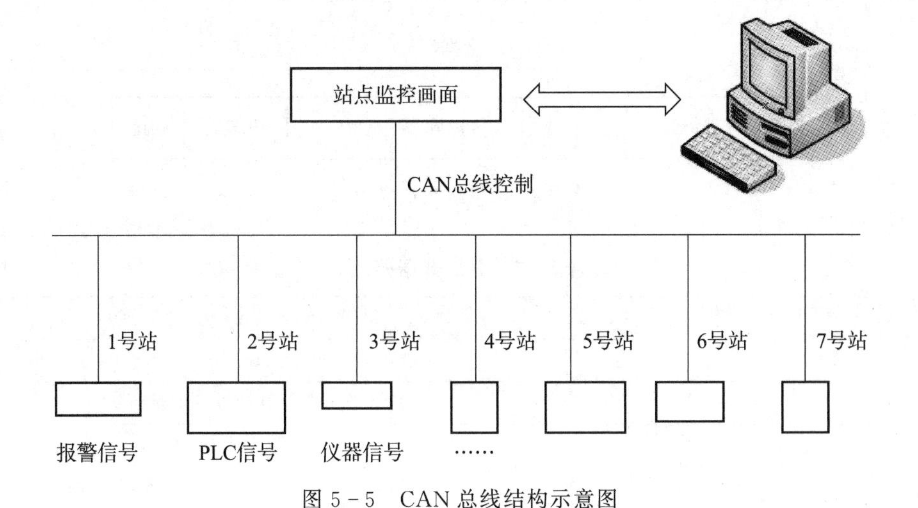

图 5－5　CAN 总线结构示意图

（1）总线通信帧定义

CAN 总线传送的是具有物理意义的数据信息，状态信息采用 64 位/32 位 IEEE 浮点数格式或 32 位/16 位/8 位无符号二进制整数格式。在通信协议文档中，“b”或“bit”表示“位”，“B”或“Byte”表示“字节”，1 字节由 8 位组成。一个 N 位数据域中第一个被传送的位为图 5-6 中最左位，对于序号的约定如图 5-6 所示。

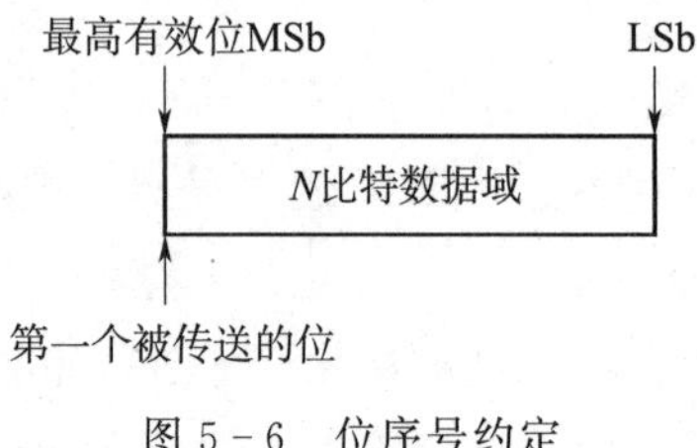

图 5-6　位序号约定

当这个 N 位数据域被视为一个二进制数时，首先被传送的位是最高有效位。如无特殊说明，一般多字节数据的传输顺序为“高字节在前，低字节在后”。在数据格式说明中，一般数据域的赋值采用二进制（数值以“b”结尾）或十六进制（数值以“0x”开始）。

如果要传输的信息量较小，可以在一个通用帧里传输完，则采用单帧格式，否则可采用多个通用帧组成复帧格式。当要传输的应用数据长度多于 8 字节时（原则上数据长度不应超过 1 024 字节），将应用数据分割成多个数据段，然后分别放入多个通用帧里，组成复帧。

CAN 总线协议帧主要有以下 4 种类型：数据帧，用于发送单元向接收单元传送数据的帧；遥控帧，用于接收单元向具有相同 ID 的发送单元请求数据的帧；错误帧，用于当检测出错误时向其他单元通知错误的帧；过载帧，用于接收单元通知其尚未做好接收准备的帧。

数据帧的信息传输格式要满足 CAN 总线规范 V2.0A 要求，数据帧（Data Frame）采用标准格式，如图 5-7 所示，各信息域的详细定义见表 5-7。

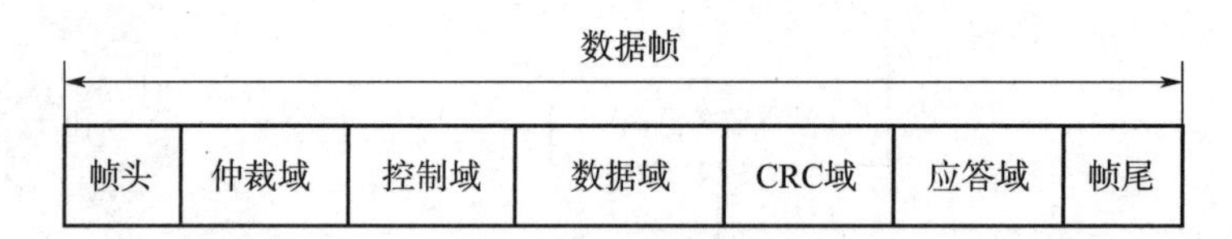

图 5-7　总线数据帧格式

表 5-7　总线数据帧定义

序号	名称	长度(bit)	说明
1	帧头	1	起始位 SOF=0 b
2	仲裁域	11	标识符 ID10～ID0(详见下面定义)
		1	远程传输请求(RTR)
3	控制域	1	扩展标志(本规范中置为 0 b,表示标准帧)
		1	保留位(置为 0 b)
		4	数据长度(DLC),0000 b～1000 b 对应 0～8 字节

续表

序号	名称	长度(bit)	说明
4	数据域	8×8(max)	应用数据，最大 8 字节
5	CRC 域	15	CRC 序列，由接口控制逻辑产生和检验
		1	CRC 界定位，固定为 1 b
6	应答域	1	应答间隙
		1	应答界定符
7	帧尾	7	1111111 b

各信息域的详细定义见通信协议约定，一般用户编程仅涉及仲裁域、控制域和数据域的内容。

（2）应用规范

CAN 总线的主节点确定后，其他连接到 CAN 总线上的分系统或单机均为从节点。CAN 总线上的通信有两类：广播通信和点对点通信，均由主节点统一管理，具体说明如下：

1）整个系统 CAN 总线的通信方式为主从模式，即确定为主节点后，其他各节点为从节点，从节点间无信息交换；

2）主节点接收总线上所有从节点发出的任何数据，从节点根据需要设置接收模式，以确保只接收与自己节点标识相同的数据，以及所需要的广播数据，从节点收到广播数据后，不应答主节点；

3）从节点收到主节点的请求数据帧后方可发送相应的应答数据帧，否则不能向总线上发送数据；

4）从节点收到主节点的数据帧后向主节点发送应答帧，主节点发送单帧的数据帧时，从节点在收到单帧后立即发送应答帧；主节点发送多帧数据时，从节点在收到全部数据帧后立即发送应答帧；

5）主节点在与上一个从节点通信超时后，转与下一个从节点通信，如此时方收到上一个从节点的应答帧或其他任何数据，视为无效，作丢弃处理。

（3）测试经验

1）测试 CAN 总线数据收发模块可以实现数据的接收与显示，可以实现数据的发送，包括相关的参数设置（通道 0 或者 1、帧格式是数据帧或者远程帧、帧类型是标准帧或者扩展帧、帧 ID 设置）；

2）测试 CAN 总线板卡参数配置模块用于配置通信板卡的参数：包括中断使能设置（接收中断和报警类中断）、CAN 参数设置（通信速率、错误报警显示）、滤波设置（滤波模式、帧类型）；

3）测试 CAN 总线的强度，可通过测试系统在一定时间内发送大量的 CAN 数据，观察被测节点的接收情况，看是否存在丢帧漏帧现象；

4）测试 CAN 总线中断信号异常和中断寄存器异常，可能造成的后果包括：个别数据帧丢失，收发状态机死机导致的单节点接收应答失效，收发状态机死机导致的重复应答，占用总线；

5）测试 CAN 总线多帧数据处理时，不仅要考虑本设备多帧数据首帧、中间帧和尾帧的各种异常情况，还要全局考虑与别的设备进行通信的时序与数据交互情况；

6）测试 CAN 总线当从节点接收多帧数据长度不正确时，应丢弃接收数据，报指令异常错误。当主节点接收多帧数据长度不正确时，应丢弃接收数据；

7）测试 CAN 总线任何主、从节点在发送数据时，若因错误或仲裁丢失而造成发送失败，应不允许进行自动重发；

8）测试 CAN 总线对各种错误中断需配套相应的解决措施，出现总线关闭时自身应对控制器进行复位和初始化。

5.4.3 RS-485 通信总线测试经验

RS-485 接口具有高数据传输速率、强抗干扰性、长距离传输和多站能力的优点，能够多点、双向通信，即在同一条总线上允许多达 128 个收发器，RS-485 采用半双工工作方式，在整个网络中任一时刻只能有一个节点处于发送状态并向总线发送数据，否则会导致总线冲突。RS-485 总线支持多节点、远距离传输，有高灵敏度的标准，采用了平衡发送和差分接收接口标准，具有极强的抗共模干扰能力，因此目前在银行、通信、军工等领域得到越来越广泛的使用。

RS-485 总线结构示意如图 5-8 所示。

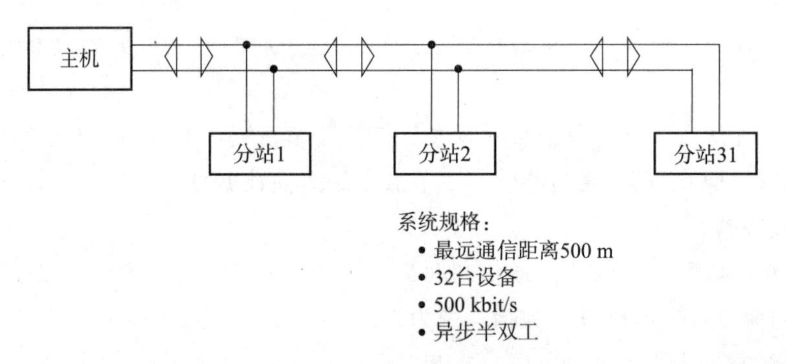

图 5-8 RS-485 总线结构示意图

（1）总线通信帧定义

RS-485 接口通信协议格式分为命令帧格式和应答帧格式两种。

命令帧格式如下：

FLAG	从站地址	主站地址	CO	CP	FCS	FLAG

应答帧格式如下：

FLAG	主站地址	从站地址	ST	SP	FCS	FLAG

其中：

1）FLAG：空闲位或同步帧开始/结束标志；

2）CO：命令控制码，是主站给从站的控制命令，16 位二进制整数；

3）ST：应答状态码，是从站回送给主站的应答状态，16 位二进制整数；

4）CP：是主站给从站的控制参数；

5）SP：是从站回送给主站的应答参数；

6）FCS：16 位 CCITT _ CRC 帧校验系列，生成多项式为 $X^{16}+X^{12}+X^{5}+1$，除了 FLAG 标志位以外的其他数据（站地址＋ST＋SP＋FCS）均参与 CRC 校验，CRC 序列初始化为全“1”。

所有通信中主站在发送命令帧结束后，若在超过规定时间内仍不能收到应答帧，主站应停止接收。

（2）测试经验

不管是在研制过程中还是在运行过程中，RS－485 通信故障都是整个系统致命的故障，常见的故障主要有两类：一是完全中断，根本不能进行通信；二是能进行通信，但误码率高。根据实践经验，第一类故障一般是硬件问题或上、下位机的波特率和数据格式未设置正确。第二类故障主要有三个原因：通信距离过远，系统现场有干扰，传输速率过高。

RS－485 接口测试时需考虑通信双方时序的一致性，通信双方（接收和发送）的时序要保持匹配，发送方应考虑接收方的数据处理能力，必要时发送方可考虑重发机制。

1）测试重发机制的异常容错处理措施。接收数据帧时，应考虑设置与发送方对应的重发机制的异常容错处理措施。例如，发送方发送一帧不完整数据后，又对该帧数据进行了重发，接收方应设置相应机制保证接收正确完整的一帧数据（比如每次都从一帧数据的第一包开始接收直至最后一包，或是在一帧中的各块中填入接收数据中的对应块）。

2）测试中断对数据接收和发送造成的影响。软件中有其他中断时，应分析中断对数据接收和发送造成的影响。例如，必要时可以在发送数据时先关其他中断，发送完成后再开中断。若是通信中使用中断方式（如 1553 中断、CAN 中断、串口中断或 EDMA 中断等），应注意中断对时序的影响。

3）测试接口软件对转发指令进行反馈的正确性。接口软件对转发指令进行反馈时，应确保其是主系统响应指令后的反馈，而不是接口软件接收时的反馈。

对 RS－485 总线接口测试设计应包括：

1）列出接口协议主要内容和要求；

2）逐一验证站地址、命令码、应答码、控制参数、应答参数、CRC 的内容及格式是否符合接口协议；

3）逐一验证通信时间周期是否符合接口协议；

4）考察命令帧、应答帧的逻辑和时序关系是否符合需求；

5）考察命令帧，如有协议要求，验证命令帧中参数的边界及精度情况是否符合协议；

6）考察接收应答帧异常：如果帧头、帧尾错，软件应不接收本应答帧；

7）考察接收应答帧异常：如果站地址错，软件应不接收本应答帧；

8）考察接收应答帧异常：如果应答码错，软件应不接收本应答帧；

9）考察接收应答帧异常：如果应答参数长度错，软件应不接收本应答帧；

10）考察接收应答帧异常：如果 CRC 错，软件应不接收本应答帧；

11）考察接收应答帧异常：对方响应无应答或超时，主站应停止接收；

12）考察接收应答帧异常：本帧接收异常，应采用上一帧的数据；

13）考察应答帧本帧接收异常，应不影响下一帧应答帧的接收。

5.4.4 RS－422 总线测试经验

（1）总线通信帧定义

RS－422 采用的是串行异步全双工串行总线通信方式，总线工作方式为主从方式。

命令帧格式如下：

CO	CP	FCS16

应答帧格式如下：

ST	SP	FCS16

其中：

1）CO：命令控制码；

2）ST：应答状态码；

3）CP：是主站给从站的控制命令或参数，包括数据域；

4）SP：是从站回送给主站的应答信号或参数，包括数据域；

5）FCS：16 位 CCITT _ CRC 帧校验系列。

（2）测试经验

对 RS－422 总线接口测试设计应包括：

1）列出接口协议主要内容和要求；

2）逐一验证命令控制码、应答状态码、参数内容、格式是否符合接口协议；

3）考察接收主站命令帧异常：当命令控制码错误，从站不接收本帧命令时，回送主站的应答帧是否符合接口协议；

4）考察接收主站命令帧异常：当 CRC 校验错误，从站不接收本帧命令时，回送主站的应答帧是否符合接口协议；

5）考察当本帧接收主站命令帧异常时，应不影响下一帧主站命令帧的正常接收；

6）考察当接收主站命令帧超时时，从站应不应答，等待主站下一命令。

5.5　嵌入式软件中断分析

对航天型号嵌入式软件开展中断分析，通过对中断使用情况、未用中断处理、中断执行时间、中断嵌套和冲突、中断对接口数据的影响情况、漏中断情况、误中断情况进行审查分析，得出程序中断设计是否满足设计要求的结论。图 5－9 所示为中断示意图。

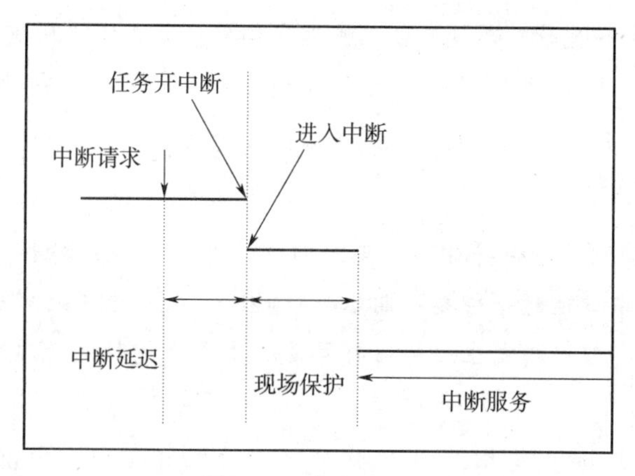

图 5－9　中断示意图

深入开展中断分析的具体内容和步骤：

1）描述使用中断达到的目的和要求。

2）对芯片有关中断的应用背景进行说明，说明芯片的中断个数、优先级、中断寄存器的名称、功能。

3）描述系统硬件和软件对中断的限制条件。

例如：

接口缓冲区的大小对中断有限制，如果缓冲区较小（或单缓冲），应分析确保中断处理时间小于接口缓冲区数据保持时间，否则将丢失接口命令或数据。

4）描述中断程序的触发、使用、退出等具体情况。描述主程序和各个中断的相互关系。

5）对没有使用的中断进行说明。

例如：

未使用的外部中断均采用了硬屏蔽措施，即未使用的外部中断信号已被拉高，同时有直接返回的中断服务程序。

未使用的内部中断，已通过内部“IE”（中断使能控制寄存器）关闭。

6）对中断使用的全局变量进行分析，审查标志使用是否正确，中断对数据组帧是否有影响，确保中断程序的代码编写正确。

7）中断函数执行时间分析，测量或计算各中断在不同条件下的执行时间，是分析中断嵌套和冲突影响的基础。

8）中断嵌套情况，对每个中断的执行情况、是否允许嵌套（包括自嵌套）情况进行具体说明。

例如：

对于定时中断，完成功能相对复杂，程序执行时间稍长，可能会对串行接收中断造成影响，因此需要及时允许嵌套其他中断。带来的负面作用是该程序可能会被串行接收中断打断，从而导致当前定时 10 ms 发送的数据帧不连续，但这仅仅发生在接收命令帧和处理复杂命令的过程中，一旦处理完毕，后续的数据帧发送均能恢复正常，从使用方来看，这是可以接收的。实际程序中，进入定时中断后，分析并测量显示最多 4 μs 后就可以开启中断嵌套。

9）中断冲突情况，分析发生不期望的中断的可能性和影响。

例如：

DMA 发送数据时间，应分析确保此段时间没有改写发送缓冲区的中断发生，否则数据组帧将发生错误。串口延时等待接收期望数据时间，则应分析此段时间内其他中断可能发生的概率，分析不期望中断发生后处理时间是否小于等待时间，对全局变量的影响，以及影响的严重程度。

10）中断对接口数据的影响，列出所有接口（外部接口、内部接口、双口 RAM、DMA 接口），描述接口类型、功能、缓冲器类型、大小及可靠性措施，分析各个中断发生的情况及其对接口的影响。

11）漏中断分析，分析各个中断延迟响应，以致漏中断的情况。说明情况发生的概率，以及系统是否可以接受。

12）误中断分析，分析各个中断硬件条件下，误中断产生的可能，描述软件对硬件导致误中断的处理。分析中断函数处理中的判断条件是否完备，可以剔除那些异常触发的误中断。

例如：

串行接收中断存在误中断情况，进入串行接收中断后，查询到有接收字节后，同样会再次产生一次串行接收中断信号，虽然不会被立即响应，但退出串行接收中断后，仍会再进入一次串行接收中断，而此时所存储的接收字节已被读取，可以认为是误中断。

串口接收中断的判断条件为……，可以剔除异常触发的误中断。

调试测试中断在正式工作流程使用后关闭，不响应调试测试的误中断。

某航天型号嵌入式软件中断分析内容填写示例分别如表 5－8、表 5－9 和表 5－10 所示。

表 5－8　中断使用情况一览表

序号	中断名称	优先级	功能	时间特性		备注
				周期/随机	执行时间	

表 5-9　中断处理情况一览表

中断名称和标识					
被分析项名称	子项名称	分析的判断			备注
		是	否	不适用	
现场的保护和恢复	入口处是否保护了所用到的资源				
	出口处是否正确做了恢复				
异常情况	是否自嵌套				
	是否有中断死锁情况				
开关中断时机	开中断及时				
	关中断及时				
定时中断	时间设置正确				
	最坏情况下是否满足设计要求				

表 5-10　资源冲突检查一览表

端口、变量、缓冲器名称	主程序			中断 1			中断 n			有无冲突存在	备注
	只读	只写	读写	只读	只写	读写	只读	只写	读写		

对于不使用的中断进行检查，应检查如下内容：

1）是否打开了未使用中断；

2）如果对未使用中断进行了处理，处理对象、方式是否正确。需要明确以下内容：

a）如果未使用中断被错误激活，其处理方式是否符合系统要求。处理方式包含直接返回、复位、设置陷阱（出错处理）等，处理方式应符合应用的需要；

b）处理对象确为未使用并开放给用户的中断。

5.6　安全性分析

软件安全性是软件不发生事故的能力，是一个系统工程，不能离开系统安全性和系统生命周期过程，应贯彻软件生命周期的全过程。软件安全性工作在软件研发的各个阶段工作内容如图 5-10 所示。

软件设计开发与软件安全性验证的关系如图 5-11 所示。

软件安全性工作要落实到人（组织）、过程（目标、活动及验证）和技术（包括方法、工具），软件安全性关注实践，要重视经验和养成良好的习惯，不断发展，不断创新。

航天型号嵌入式工程实践中常用的软件安全性失效分析方法有因果图分析法、事件树分析法、故障树分析法、失效模式影响和关键性分析法。本节以工程实践案例形式简要介绍后两种分析法。

5.6.1　软件故障树分析

软件故障树分析的目的是分析导致危险的严重结果的事件或事件组合。

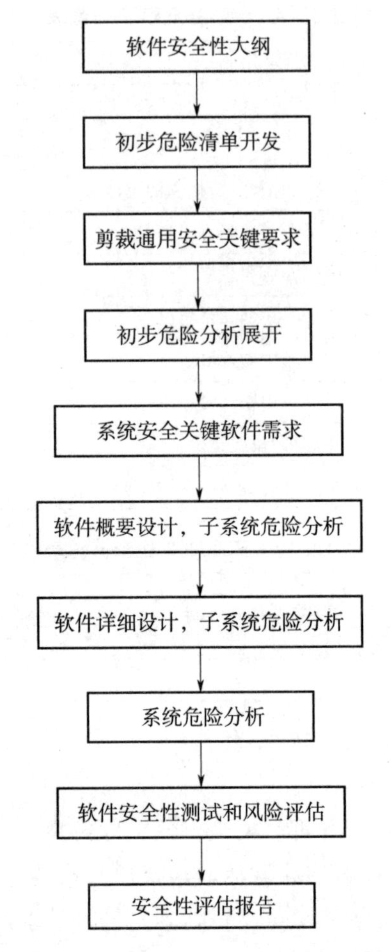

图 5-10　软件研发的各个阶段安全性工作

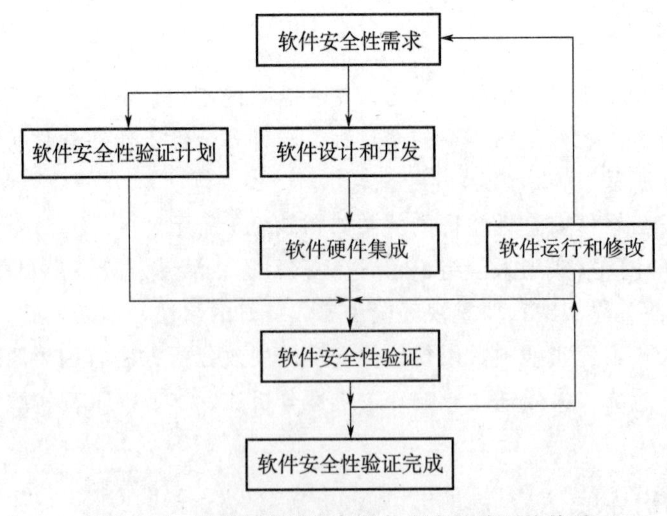

图 5-11　软件设计开发与软件安全性验证的关系

软件故障树分析方法是基于图形的，通常使用一组标准化的符号来画故障树，从一个可能引起危险或者严重后果的直接原因的事件（“顶事件”）开始，沿一条树路径执行分析。使用逻辑操作符（与、或等）描绘原因的组合。按同样的方法分析中间原因，在分析停止处返回到基本事件。

下面以 CAN 回复异常为例对故障树分析进行说明。

（1）软件问题描述

在系统联调过程中，偶发 CAN 通信回复异常问题。故障发生周期具有随机性，发生多次。在故障发生时，首先有 2～4 s 左右无数据输出。在数据恢复输出后，该帧显示时间无效，电池状态、原子钟状态和接收机状态有异常的情况。时间值也变为错误的时间，从时间信息可以看出，时间发生了复位，变成了很小的时间值。后面几秒时间恢复正常，时间有效性标志恢复正常，电池状态、原子钟状态和接收机状态恢复正常。

（2）问题分析

根据故障现象，列出可能的因素，形成故障树如图 5－12 所示。

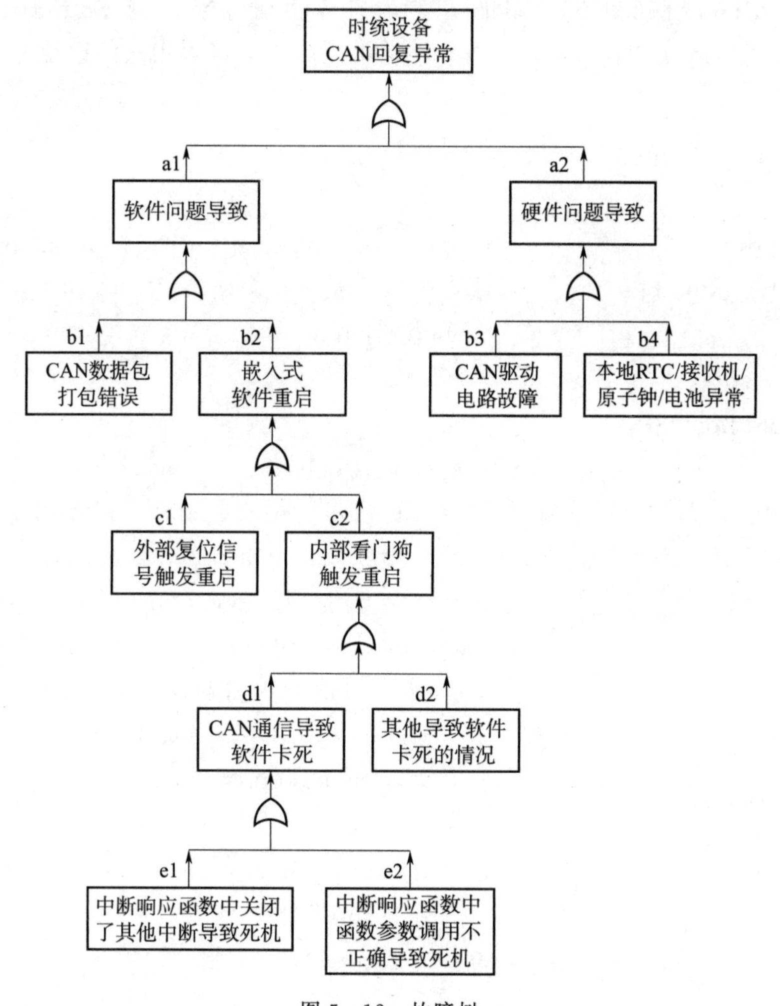

图 5－12 故障树

对故障现象进行初步分析，当发生故障时，在没有人为操作的情况下（如断电重启等），过几秒后自动恢复正常。而本地 RTC、接收机、原子钟、电池发生故障时，在没有人为干预的情况下，不能够自动恢复正常，与故障现象不一致。

排查了 CAN 总线的驱动电路，符合 CAN 的典型电路设计。测试时匹配电阻设为 120 Ω，符合规范。

经综合分析，硬件问题导致该故障发生的可能性较小，软件问题的可能性较大，故先对软件问题进行排查。

CAN 通信的中断响应函数 void ISR _ SJA1（）中调用了 alt _ irq _ disable _ all（）函数关闭中断，后又调用了 alt _ irq _ enable _ all（）函数打开中断。但打开中断时，alt _ irq _ enable _ all（）函数参数调用错误，错误调用了未赋值的变量“id”，导致堆栈混乱，软件卡死，触发看门狗重启嵌入式软件。在嵌入式软件重启时，软件内部各寄存器清零，重新向各模块查询状态，从而发生了 CAN 回复数据帧中有 2 s 左右无回复，后续有几秒时间回复数据帧异常的故障现象。

查阅了 Altera 公司对 Nios 软件开发的官方手册《Nios Ⅱ Software Developer's Handbook》，在 172 页中，有对 alt _ irq _ enable _ all（）函数用法的详细说明，如图 5－13 所示。

alt_irq_enable_all()

Prototype：	void alt_irq_enable_all (alt_irq_context context)
Commonly called by：	C/C＋＋ programs Device drivers
Thread－safe：	Yes.
Available from ISR：	Yes.
Include：	<sys/alt_irq. h>
Description：	The alt _ irq _ enable _ all ( ) function enables all interrupts. The input argument，context，is the value returned by a previous call to alt_irq_disable_all(). Interrupts are only enabled if the associated call to alt_irq_disable_all() disable interrupts，which allows nested calls to alt_irq_disable_all() or alt_irq_enable _all() without surprising results.
Return：	－
See also：	alt_irq_disable_all() alt_irq_enabled() alt_irq_register()

图 5－13　函数用法说明

图 5－13 中指出，只有显式的调用 alt _ irq _ disable _ all（）函数的返回值，并传递给 alt _ irq _ enable _ all（）函数作为参数，才不会发生意想不到的结果（without surprising results）。

（3）经验与启示

中断引发的软件归零问题一般都比较隐蔽，且具有偶发性，在正常测试中不容易暴漏。因此，要求软件设计人员在测试软件使用中断时必须正确地阅读处理器芯片的使用手册，按照处理器芯片的使用手册正确地使用中断，避免类似错误再次发生。

5.6.2　软件失效模式影响和关键性分析

软件失效模式影响和关键性分析的目的，是确定在设计或者运行过程中需要特别关注哪些部件和采取哪些必要的措施，评定部件的关键性等级。发现某些部件的单点失效可能会危害并损坏系统或者使系统功能下降。

软件失效（Software failure），指软件在运行中丧失了全部或部分功能、出现偏离预期的正常状态的事件。软件失效是由软件的错误或故障引起的。

软件失效模式（Software failure mode），软件失效模式是指软件失效的不同类型，通常用于描述软件失效发生的方式以及对设备运行可能产生的影响。

软件失效原因（Software failure cause），指包括物理设备损坏、接口信息错误、设计缺陷、调用错误等方面的基本失效原因，以及初始化信息错误等失效原因，这类原因可能会逐步恶化导致最终的软件失效。

软件失效影响（Software failure effect），软件失效影响是指软件失效模式对软件系统的运行、功能或状态等造成的后果。

危害性分析（Criticality Analysis），用于表示软件失效对系统影响的严重程度。通常采用风险优先数来衡量软件失效的危害性。风险优先数由软件失效模式的严酷度等级、软件失效模式的发生概率等级和软件失效模式的被检测难度等级的乘积计算得出。

软件失效模式及影响分析（Software failure mode and effects analysis，SFMEA），指对软件系统中存在的潜在的失效模式进行分析的过程。通过分析决定每种失效对系统产生的影响，并根据失效的严重级别对各种潜在的失效模式进行分类。

下文以某嵌入式软件为例简要介绍 SFMEA 分析的过程。

5.6.2.1　软件失效模式及原因

软件失效原因是由于软件缺陷在运行时被触发而产生的。通过对某嵌入式软件的分析，失效模式分类如表 5－11 所示。并对每种失效模式分析了软件失效原因。

5.6.2.2　SFMEA 分析结果

软件失效模式严酷度等级（SESR）评分准则见表 5－12。软件失效模式发生概率等级（SOPR）的评分准则见表 5－13。软件失效模式被检测难度等级（SDDR）的评分准则见表 5－14，填写 SFMECA 分析结果表，计算软件风险优先数，从而确定软件失效影响的级别（局部影响、高一层次影响、最终影响）。

表 5-11　某软件失效模式分类示意表

序号	功能模块分类	失效模式
1	数据计算类	精度不合要求
2		符号错误
3		数据溢出
4		边界数据处理错误
5	数据处理类	共享数据错误
6		数据误判/漏判
7	控制管理类	计数器操作失效
8		定时器操作失效
9		继电器操作失效
10		中断控制器操作失效
11		控制时序错误
12	通信传输类	发送超时
13		接收超时
14		发送数据错误
15		接收数据错误
16	输入类	输入的参数不完全或遗漏
17		输入频率过高
18		错误的输入被接受
19	输出类	输出的参数不完全或遗漏
20		输出频率过高
21		不正确的结果/数据
22	通用类-功能	前提不具备情况下运行特定功能
23		数据产生与使用不同步
24		功能执行的前提条件互相冲突
25	通用类-性能	未达到性能要求
26		不能满足用户对运行时间的要求
27		不能满足用户对数据处理量的要求
28	通用类-程序	程序运行陷入死循环
29		程序意外重启
30		程序运行严重超时

表 5-12　软件失效模式严酷度等级（SESR）评分准则

等级	严酷度	评分	备注
Ⅰ	灾难的	10	导致人员死亡、产品毁坏，重大财产损失
Ⅱ	致命的	8	导致人员的严重伤害、产品严重损坏、任务失败，严重财产损坏
Ⅲ	中等的	6	导致人员的中等程度伤害、产品中等程度损坏、任务延误或降级，中等程度财产损坏

续表

等级	严酷度	评分	备注
Ⅳ	轻度的	4	不足以导致人员伤害、产品轻度损坏、轻度的财产损坏，但它会导致非计划性维护或修理
Ⅴ	轻微的	2	不导致人员伤害、产品轻微损坏、轻微的财产损坏，不会导致非计划性维护或修理

表5-13　软件失效模式发生概率等级（SOPR）评分准则

等级	程度	评分	备注
A	非常高	10	接近肯定发生，几乎不可避免发生故障
B	高	8	极有可能发生，重复故障
C	中等	6	很可能发生，偶然故障
D	低	4	不大可能发生，相对几乎无故障
E	非常低	2	极少可能发生，几乎不可能故障

表5-14　软件失效模式被检测难度等级（SDDR）评分准则

等级	被检测的可能性	评分	备注
A	非常微小	10	无检测装置发现失效原因/机理和失效模式
B	非常低	8	非常低程度发现失效原因/机理和失效模式
C	中等	6	中等程度发现失效原因/机理和失效模式
D	高	4	较高程度发现失效原因/机理和失效模式
E	完全确定	2	完全确定能发现失效原因/机理和失效模式

采用软件风险优先数（RPN）方法进行软件危害分析（SCA）。软件风险优先数（RPN）按下列公式计算

$$RPN = SESR \times SOPR \times SDDR$$

式中　SESR——软件失效模式严酷度等级；

SOPR——软件失效模式发生概率等级；

SDDR——软件失效模式被检测难度等级。

通过对软件进行全面、系统的SFMEA分析，针对SFMEA发现的可靠性薄弱环节，综合权衡失效影响的严重程度、失效发生的概率、采取措施的代价等因素，找出了关键风险，并采取相应措施，从而提高软件的可靠性和安全性，使风险降至最低。SFMEA分析结果示例见表5-15。

表5-15　SFMEA分析结果示例表

序号	功能	失效模式	失效原因	失效影响			危害性分析				改进措施
				局部影响	高一层影响	最终影响	严酷度等级	发生概率等级	被测试难度等级	风险优先数	
1	检测	控制时序错误	逻辑遗漏或执行错误			√	Ⅲ	E	D	略	略

5.7 可靠性测试

软件可靠性测试是评价软件可靠性及验证软件是否达到可靠性要求的重要途径。软件质量直接会影响到设备的安全性、可靠性乃至整个系统的正常运行。为了航天型号装备的作用可靠性，目前使用方提出了具体的可靠性指标要求，该指标是针对产品提出的，包含了硬件和软件在内，而在出厂/所试验中，对该指标的考核基本上沿用以前硬件可靠性试验方法，可以说，通过硬件可靠性试验获得的可靠性指标不等于软件可靠性指标。

因此定量评估软件的可靠性具有十分重要的意义。本节从可靠性度量参数、可靠性参数选择、可靠性测试环境、可靠性验证测试等方面阐述了航天型号某嵌入式软件开展的可靠性测试技术与方法。

5.7.1 可靠性度量参数

选择适当的可靠性度量参数是软件可靠性测试面临的首要工作内容。它具有可观、可测、可信的特点。可观是指对于用户而言是可观测的，可测是指通过测试可实现的，可信是指定义的度量指标必须在一定置信度下有效。

常见的软件可靠性参数有成功率/失效率、任务成功概率/任务失败概率、可靠度、失效率/失效强度、平均失效前时间 MTTF/平均失效间隔时间 MTBF 等，这些参数根据其定义适用于不同用途的软件。在选取软件可靠性参数时，一般可考虑以下几个原则：

1）系统最关注失效发生的频率，可靠性参数可选失效率或失效强度；

2）系统最关注在规定时间内要能无失效工作，可选可靠度作为软件可靠性参数；

3）对使用比较稳定的软件，可选平均失效前时间/平均失效间隔时间作为软件可靠性参数。

在选取装备软件可靠性参数时，还应考虑以下的原则：

1）考虑装备特点。例如，对于飞机可选用平均无失效间隔小时，对于坦克则可选用平均无失效间隔里数。

2）考虑软件所在系统的可靠性要求。武器装备软件多用于嵌入式计算机系统，选取软件可靠性参数时，应考虑选取与嵌入式计算机系统相同的可靠性参数，如某航空惯导系统的可靠性参数为 MTBF，则软件可靠性参数也应选用 MTBF。

3）考虑软件可靠性验证方法。如果是在实验室内验证，一般选用合同参数。外场验证时，则选用使用参数。

4）考虑软件的使用要求。如一次性使用的系统的软件可靠性参数可选用成功率。

参考以上原则，以及某软件的使用特点，选择成功率作为可靠性参数是比较适当的。该参数是指在规定条件下软件完成规定功能的概率。

5.7.2　可靠性参数选择

5.7.2.1　定义运行剖面

可靠性测试的主要特点是按照用户实际使用软件的方式来测试软件，构造运行剖面是实现软件可靠性测试的关键步骤。欧空局（ESA）标准 PSS－01－21（1991）“ESA 空间系统软件产品保证要求”中，软件“运行剖面（Operational Profile）”的定义为：“对系统使用条件的定义，系统的输入值都按其时间的分布或按它们在可能输入范围内的出现概率的分布来定义。”

图 5－14 是 Musa 提出的软件运行剖面构造方法。

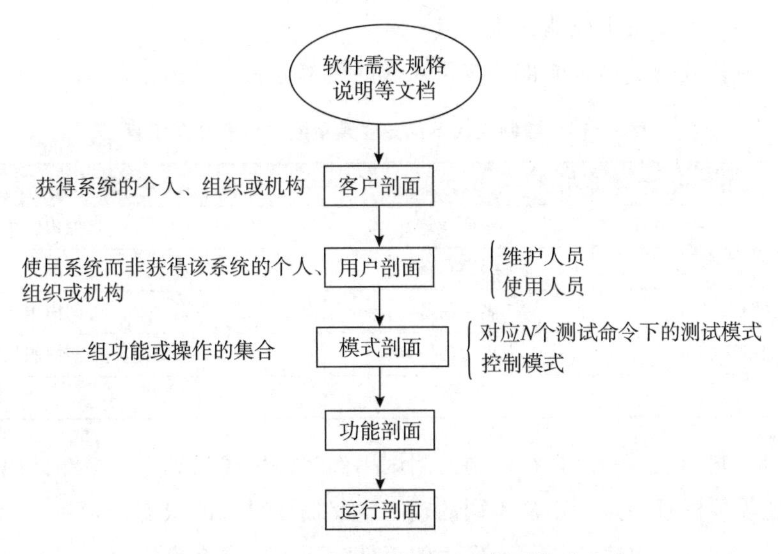

图 5－14　Musa 提出的软件运行剖面构造方法

对于航天某型号嵌入式系统而言，它的客户是固定的明确的。在用户剖面上，对软件的使用者进行分类，用户通常有两类，一类是平时的维护人员，主要完成设备加电，并按照用户手册上给出的维护流程完成设备检测功能（通过输入测试命令完成）；一类是应用时的操作人员，主要按照用户手册上定义的操作流程进行操作（由若干测试命令和控制命令组成）。根据使用者的应用将软件分成不同的模式剖面。根据每个模式下的功能可以划分为不同的功能剖面，每一个功能由许多运行组成。这些运行的集合便构成了运行剖面。对应的软件剖面分析图如图 5－15 所示。

5.7.2.2　变量清单

根据软件剖面分析图，可以分别列出各个测试模式下和控制模式下的变量清单。

通过对软件输入变量的特点进行分析后，可以将它们分为两类：一类是连续变化的输入数据（即时间上连续测量到的测量数据）以及控制设备运动方程的关键参数，按照设定的概率分布，随机产生这些参数、误差、干扰等，对于量测系统还需要建立量测的随机误差；另一类是软件的离散输入量（中断激励、开关信号等），可以按发生顺序和发生概率

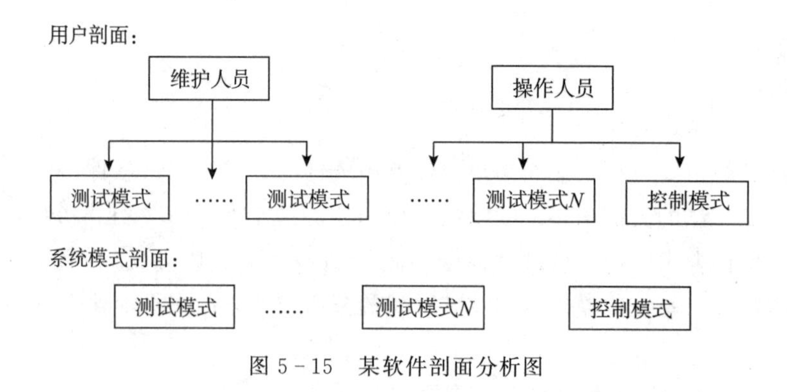

图 5-15　某软件剖面分析图

建立概率分布模型，随机生成测试输入量。

下面以控制模式为例，说明部分变量参数的概率分布，见表 5-16。

表 5-16　控制模式下部分变量参数的概率分布示意

序号	变量名	偏差因素	概率分布
1	通信帧的测量数据	量测误差	在[$-x_1$，$+x_1$]区间内服从正态分布
2		丢帧与错帧	0-1 分布
3	关键参数 n	客观偏差	在[$-x_2$，$+x_2$]区间内服从正态分布
4	开关量信号	发生时刻偏差	在[$-x_9$，$+x_9$]区间内服从均匀分布
……			

在表 5-16 基础上，利用自行研制的测试用例辅助生成工具，生成测试用例。

工程中还需要注意一点，当从不同的输入空间抽样得来的状态变量进行组合，得出统计测试用例时，往往“忽略”了很少发生的事件，而这些稀有事件常常又与系统的安全性和可靠性相关。测试用例辅助生成工具可以用比较少的迭代次数模拟低概率结果的发生，并且直接地考察它们生成的结果。

5.7.3　可靠性测试环境

完成软件可靠性测试必须有可靠性测试环境的支持，由于软件与硬件的运行失效诱因存在着本质上的区别，因此在硬件可靠性试验环境下开展软件可靠性测试是不可行的。

软件可靠性测试环境和一般的软件测试环境有所不同，这是因为软件可靠性测试需要施加大规模的测试用例进行长时间的自动运行，而且能中断/继续运行，并自动记录测试结果，在可能的情况下，还需要完成测试结果自动判别。工程要求实现可重复的自动测试，相同的序列中使用完全相同的输入再进行测试，这样可获得测试的一致性，在软件更改之后，测试的一致性尤其重要。图 5-16 所示是可靠性测试环境结构示意图。

5.7.4　可靠性验证测试

软件可靠性测试分为两种：可靠性增长测试和验证测试。软件可靠性验证测试是为了

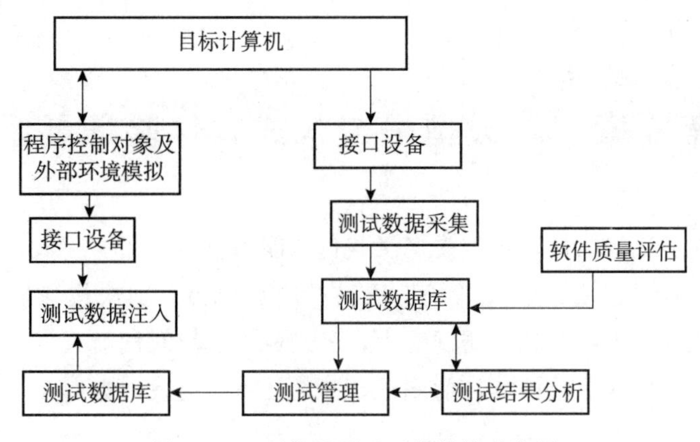

图 5-16　可靠性测试环境结构示意图

验证在给定的统计置信度下，软件当前的可靠性水平是否满足用户的要求而进行的测试，即用户在接收软件时，确定它是否满足软件需求规格说明书中固定的可靠性指标。

Parnas 在基于假设检验的理论中，根据随机测试样本的大小（也就是测试数据集的元素个数）和其中发现软件错误的测试数据的个数，给出了软件的可靠性估计公式。设 θ 是根据规范判断程序的输出不符合预期结果的概率，即失效概率。由可靠性理论，提出如下假设

$$H: \theta < 1/h \text{（对软件的失效概率的要求）}$$

设 H 为假时接受假设，即 $\theta \geqslant 1/h$ 时在测试 n 个测试数据时未发生失效，则此情况下 n 次测试时未发生失效的概率为

$$P = (1-\theta)^n \leqslant (1-1/h)^n$$

利用公式转换，即得

$$n > \frac{\ln h}{\ln h - \ln(h-1)}$$

说明如果 n 个测试用例未出现失效，则软件的失效率为 $1/h$ 。

表 5-17 所示为可靠性与测试用例次数对照表，如果取失效概率为 0.02，即在测试 194 个可靠性用例后如果未发生失效，则认为某软件的可靠性为 98%。

表 5-17　可靠性与测试用例次数对照表

可靠性	90%	95%	98%	99%	99.9%	99.99%
测试次数	22	58	194	458	6 904	92 098

5.7.5　小结

将可靠性理论运用到航天型号嵌入式软件的可靠性测试实践中，还需要积累和总结大量的经验，确定和修正影响软件运行的误差和干扰，使得到的可靠性指标更具有实际意义。

第6章　航天型号嵌入式软件验证展望

在信息化和智能化的时代，软件是定义装备功能和指标的主要手段，软件已成为装备的核心能力，软件水平将成为航天装备发展的核心竞争力。加快构建航天软件研制新体系，形成世界一流的航天装备软件研制能力，已经成为当前我国航天发展和航天强国建设的迫切需求。其中面向人工智能软件的测试是新的技术研究发展方向。

6.1　智能化软件的测试

人工智能是新的核心技术，美国自2016年开始，相继出台了《2016年国家人工智能研究和发展战略规划》《2018国防部人工智能战略概要》《2019年人工智能与国家安全》《2020财年重点研发的人工智能项目》，建立了美国人工智能发展的实施框架，如何确保新型智能化装备在安全攸关问题上的质量也是一项迫切需求。实际上，各类人工智能模型，最终都以软件形态物化到装备中，因此评估智能化装备的质量，本质意义上就是评测人工智能软件的质量。

传统的软件评测手段无法适应人工智能软件的测试要求，原因如下：

1）传统的静态测试通过建立代码安全子集，并自动分析编码规范，来保证编译结果与源代码的一致性，然而智能软件代码高度抽象，少量代码即可蕴含复杂的运算逻辑，无法建立有效的编码规范；

2）传统的动态测试通过测试用例驱动的方式进行，智能软件的核心是算法模型，场景往往非常复杂，无法构建出大量有效测试样本，需要构建小规模测试数据情况下的测试工具；

3）传统的测试充分性判定，通过监督需求覆盖率、代码分支覆盖率、二进制目标码的覆盖率来保证，然而智能软件通过分层的神经元激活递进式地推导预测结果，其内部运行逻辑的可解释性差，无法简单地通过传统的覆盖率准则保证测试的充分性；

4）传统的软件测试问题单可以直观地对应到软件代码上，智能软件内部运行机理复杂，当算法模型的测试性能达不到要求时，往往无法判定算法模型的设计缺陷，因此需要提供可视化的手段，辅助测试结果的可解释性。

在国内，2018年工信部、公安部、交通运输部发布《智能网联汽车自动驾驶功能测试规程》，对智能网联汽车道路测试申请、审核、管理以及测试主体、测试驾驶人和测试车辆要求等进行规范，用于指导第三方检测机构进行自动驾驶功能检测验证。与此同时，航天嵌入式软件也必须要建设新型软件评测能力，才能保证智能化软件的质量。智能化软件的测试应从测试数据集构建、数据评估、黑盒测试、白盒测试、模型可解释性分析、模型硬件在环路的性能评估等方面进行软件评测能力建设，包括图像识别、图像分割、目标检测与跟踪、视频语义分析、智能任务规划、自然语言处理等主流智能软件的测试，形成黑盒测试和白盒测试的能力，并提供问题单的可解释性分析依据，从而保障智能化软件质量和可靠性。

6.2 软件的智能化测试

软件的智能化测试即人工智能赋能的自动化测试，其应对的是越来越庞大的研发团队，愈加复杂的研发场景和复杂多变的应用系统带来的软件系统高质量快速交付的挑战。软件测试经历了手动测试、辅助测试、部分自动化、条件自动化和高度自动化的 5 个阶段，正在走向完全自动化（即智能化）测试的阶段。当前，软件的智能化测试得到了国内外的广泛关注，取得了大量的研究成果和应用实践。软件的智能化测试重点关注的问题包括智能技术与测试场景的结合、测试用例的自动生成、用例回归、基于人工智能的缺陷定位技术和测试复用等。

发展新型软件测试技术，通过知识图谱、人工智能等先进技术有机总结和运用，让系统更安全，让软件测试更高效。知识图谱作为一种人工智能前沿的新型的知识建模和表示技术，能有效从海量软件研制数据中提取高价值信息及其关联性，形成连接多学科知识和软件研制全过程的知识图谱，实现研制和测试经验总结和复用。针对软件的智能化测评技术需求，应以海量软件测试文档、记录及代码等测试过程数据为基础，重点突破面向软件测试相关文档及代码的测试工具自动提取与融合、可扩展的软件测试知识图谱自动化构建、知识快速检索和智能推送、测试用例自动生成、典型软件质量评价等技术，实现复杂软件评测产物符合“数据→信息→知识→智能”链条的转化，将知识图谱和人工智能技术应用于复杂软件测试领域，解决目前软件评测领域自动化程度不高、测试成果重用率低、历史经验传递困难等问题，推进复杂软件测评技术发展，改进传统测试模式，提高复杂软件评测效率，从而进一步保障软件质量。

附录A　典型软件缺陷

A.1　容错与防错类

A.1.1　TI浮点格式与IEEE浮点格式转换错误

（1）软件问题描述

某测试软件进行设备调平时，接收信息处理器传回的设备调平结果（包括自检结果以及俯仰角、滚动角等），对其进行有效性判定。依据通信协议，收到的俯仰角、滚动角数据为32位TI浮点格式，而某测试软件使用的是32位IEEE浮点格式，故而需要进行TI浮点格式与IEEE浮点格式的转换，再对转换后的结果进行判定。

软件将TI浮点格式转换为IEEE浮点格式时，转换错误，则四元数、俯仰角、滚动角的有效性判断结果错误，导致设备调平结果不可信。

具体故障现象如下：

1）接收的俯仰角TI格式数为0x80666666（表示0.0），软件转换得到俯仰角IEEE格式数0x7fe66666（表示无穷大），转换结果错误，IEEE格式数应该为0x00000000。实际接收到的俯仰角数据是合格的，却误报不合格；

2）接收的俯仰角TI格式数为0xe2800000（表示－1.862645e－009），软件转换得到俯仰角IEEE格式数0xb0800000（表示－9.313226e－10），转换结果与原始值有偏差，应该得到IEEE格式数0xb1000000；

3）接收的俯仰角TI格式数为0x11800000（－2.621440e＋005），软件转换得到俯仰角IEEE格式数0xc8000000（－1.310720e＋005），转换结果与原始值有偏差且偏差较大，IEEE格式数应该为0xc8800000。

（2）问题分析

TI浮点格式和IEEE浮点格式不同，格式比较如下。

32位TI浮点格式：

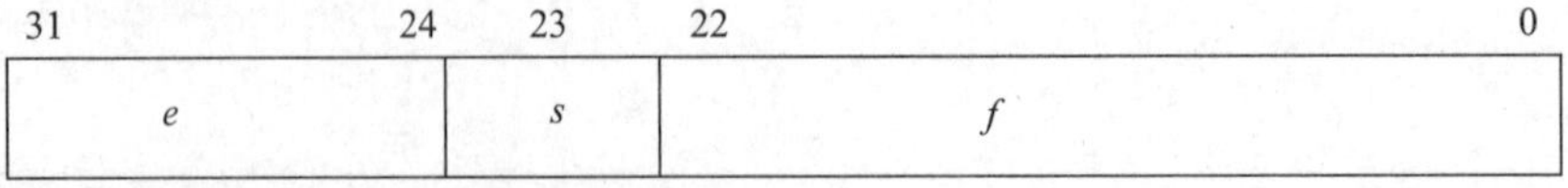

31　　24	23	22　　0
e	*s*	*f*

前八位 e 是指数，用二进制的补码表示，中间一位 s 是符号位，最后二十三位 f 是尾数。

32位IEEE浮点格式：

31	23	22　　0
s	*e*	*f*
		←— mantissa尾数 —→

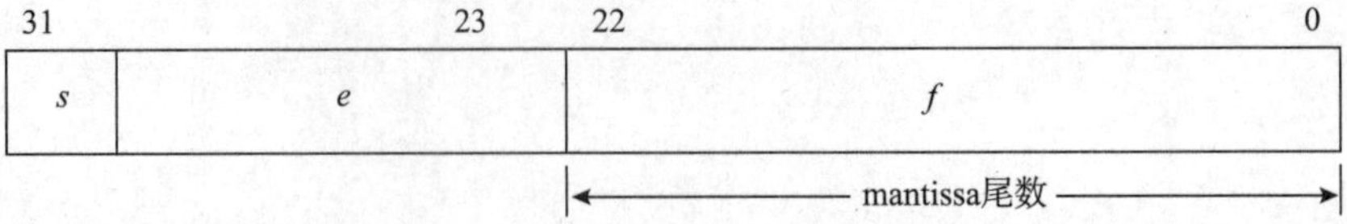

最高位 s 是符号位，中间八位 e 为指数，最后二十三位 f 表示尾数的绝对值。

若TI格式数的指数（后面用 e_2 表示）为－128，依据转换规则，转换得到的IEEE格式数的指数（后面用 e_{IEEE} 表示）应该是00 h，符号位（后面用 s_{IEEE} 表示）为0（表示正），尾数（后面用 f_{IEEE} 表示）为00 0000 h。

若TI格式数的指数 e_2 范围为 $-126 \leqslant e_2 \leqslant 127$，符号位（后面用 s_2 表示）为1，尾数（后面用 f_2 表示）为0，转换得到的IEEE格式数的指数 e_{IEEE} 应该是 e_2 ＋80 h，符号位 s_{IEEE} 是1，尾数 f_{IEEE} 是00 0000 h。

某测试软件中，将TI浮点格式转换为IEEE浮点格式时，设计师没有针对TI格式数 $e_2=-128$ 的特殊情况进行处理，导致转换结果错误。针对TI格式数 $-126 \leqslant e_2 \leqslant 127$，$s_2=1$，$f_2=0$ 的情况进行处理时，if（（x&0x007FFFFF）＝＝0x00000000）语句中用错了变量，导致转换结果偏离原始值，尤其数值较大时，转换结果偏离原始值较大。

（3）经验与启示

要考核TI浮点格式与IEEE浮点格式转换是否正确，首先应该对TI浮点格式与IEEE浮点格式有充分的了解，然后依据《TMS320C3X User's Guide》进行代码审查和动态测试。

依据《TMS320C3X User's Guide》，TI浮点格式转换为IEEE浮点格式，关系表如表A-1所示。

表A-1　TI浮点格式与IEEE浮点格式关系表

Case	If these values are present			Then these values equal		
	e_2	s_2	f_2	e_{IEEE}	s_{IEEE}	f_{IEEE}
1	−128			00h	0	00 0000h
2	−127			00h	0	00 0000h
3	$-128 \leqslant e_2 \leqslant 127$	0		e_2 +7Fh	0	f_2
4	$-128 \leqslant e_2 \leqslant 127$	1	≠0	e_2 +7Fh	0	$\overline{f_2}+1^*$
5	$-128 \leqslant e_2 \leqslant 127$	1	0	e_2 +80h	1	00 0000h
6	127	1	0	FFh	1	00 0000h

注：* $\overline{f_2}$＝2s-complement of f_2.

Case 1 maps a 2s-complement 0 to a positve IEEE 0.

Case 2 maps the 2s-complement numbers that are too small to be represented as nomalized IEEE numbers to a positive IEEE 0.

Case 3 maps the positive 2s-complement numbers that are not covered by case 2 into the identically valued IEEE number.

Case 4 maps the negative 2s-complement numbers with a nonzero fraction that are not covered in case 2 into the identically valued IEEE number.

Case 5 maps all the negative 2s-complement numbers with a 0 fraction, except for the most negative 2s-complement number and those that are not covered in case 2 into the identically valued IEEE number.

Case 6 maps the most negative 2s-complement number to the IEEE negative infinity.

动态测试时，需要覆盖上述6种情况（其实是5类，第6类情况包含在第5类中）。

针对第3类、第4类、第5类情况进行动态测试时，建议通过等价类划分的方法，至

少分别选取 e_2 为－126、0、127 的值，考核转换结果是否达到预期。针对第 2 类、第 3 类情况进行考核时，建议至少选取 f_2 为全 0 和全 1 的值，考核转换结果是否达到预期。针对第 4 类情况进行考核时，建议至少选取 f_2 为全 1、非全 1（且非 0）的值，考核转换结果是否达到预期。

本案例描述的是第 1 类和第 5 类情况下转换时出现的错误现象。第 5 类情况下，当 TI 浮点格式 e_2 大于 0 时，转换结果偏离原始值较大，若动态测试时仅仅考核 e_2 小于等于 0 的情况，很有可能因为转换结果与原始值偏差很小而漏掉软件缺陷。

另外，某测试软件中上传参数前，需要进行 IEEE 浮点格式到 TI 浮点格式的转换，测试人员也发现了 2 处代码缺陷，导致上传参数错误。在此，一并附上 IEEE 浮点格式转换为 TI 浮点格式的关系表，如表 A－2 所示。

表 A－2 IEEF 浮点格式与 TI 浮点格式关系表

Description	If these values are present				Then these values equal		
	Case	e_{IEEE}	s_{IEEE}	f_{IEEE}	e_2	s_2	f_2
max neg ∞	1	255	1	any	7Fh	1	00 0000h
max pos ∞	2	255	0	any	7Fh	0	7F FFFFh
	3	$0< e_{IEEE} <255$	0	f_{IEEE}	$e_{IEEE}-7Fh$	0	f_{IEEE}
	4	$0< e_{IEEE} <255$	1	≠0	$e_{IEEE}-7Fh$	1	$\overline{f}_{IEEE}+1^*$
	5	$0< e_{IEEE} <255$	1	0	$e_{IEEE}-80h$	1	0
zero	6	0	any	any	80h	0	00 0000h

注：* f_{IEEE} =1s compiement of f_{IEEE}

A.1.2 "无效浮点数"参与运算导致计算失效

（1）软件问题描述

在单元测试中，测试人员发现程序因 IEEE 格式无效导致浮点数失效。

浮点数格式如下：

符号位 1 位	指数位 8 位	尾数位 23 位
31	30～23	22～0

如果指数为 0xFF，尾数不为零，则该浮点数是一个无效数，比如二进制 0xFFFF0000 就是一个无效的浮点数。

测试用例执行过程如下：

```
Float limit(float x,float val)
{
    if(x < -val)  x= -val; //限幅程序代码
    if(x > val)  x=val;
    return(x);
}
```

```
Y = 无效浮点数;//测试用例输入
Y = limit(Y,10.0);  //测试用例执行结果,Y仍然等于无效浮点数,限幅函数失效
```

限幅函数无效会导致无效浮点数参与运算，运算的结果仍然为无效浮点数，直接导致控制系统崩溃。

（2）问题分析

对于从外部接口读取的数据，一般是按字节组合成4字节32位无符号整型数，然后采用联合或者指针强制转换的方式来转换成浮点数，如果这个32位整数为0xFFFF0000，强制转换后就为无效浮点数，在进行大于小于比较时，既不满足大于条件，也不满足小于条件，导致限幅出现意外的结果。

此外，测试人员在VC6.0编译环境中执行该测试用例，又在CCS中选取C62xx软仿真编译环境并执行该测试用例，得出的结果大相径庭。在VC6.0编译环境中，限幅失效；而在C62xx软仿真编译环境中，限幅是有效的。这说明“对无效浮点数进行大于和小于比较的分支跳转处理”与编译环境或运行环境有关。

（3）经验与启示

对一些从外部接口读取而来的浮点数，即便有较好的校验措施，仍然存在小概率的事件（数据有误而校验正确），如果错误数据正好是无效浮点数，即便使用了限幅语句，也会导致无效浮点数进入控制计算，从而导致整个控制系统失效。

软件研制人员在编写软件时，一般是依据经验，认为编写代码的执行过程与设计是一致的，并且在自测试时，一般只关心功能在正常条件下是否正确实现，对异常输入往往考虑不够周全。测试人员在设计测试用例时，对异常的输入应该多加考虑。

A.1.3　累加器求负操作导致的溢出错误

（1）软件问题描述

累加器求负操作导致溢出错误，某计算公式为：DYY1＝－DZZ1，程序实现代码如下：

```
ZALH   DZZ1  ← 把变量DZZ1读到ACC累加器高16位,低16位清零
NEG          ← 把ACC累加器的值求负
SACH   DYY1  ← 把ACC累加器高16位的值放入变量DYY1
```

若变量DZZ1为边界值0x8000（16位）时，表示的值为－32 768，对其进行求负操作失效，其值结果仍然为－32 768（0x8000）。

（2）问题分析

定点运算芯片TMS320C25的累加器为32位，但数据和地址总线均为16位。变量DZZ1为最小负数－32 768（0x8000）时，放入ACC累加器高16位且低16位清零后，ACC累加器的值为－2 147 483 648（0x8000 0000），32位有符号数的表示范围为[－2 147 483 648，2 147 483 647]，即最小负数的绝对值比最大正数的绝对值大1。

若对可表示的最小的负数－2 147 483 648求负，正确的结果应该为2 147 483 648，但

是这个数据比 32 位有符号数可表示的最大正数 2 147 483 647（0x7FFF FFFF）还大 1。而最大正数 2 147 483 647（0x7FFF FFFF）加上 1 后的溢出值正好为 0x8000 0000（−2 147 483 648）。由于未对运算进行溢出保护，使得 0x8000 0000 的求负操作导致 ACC 累加器溢出后的结果仍然为 0x8000 0000，现象为累加器求负操作失效（ACC 累加器中的值未发生变化）。

（3）经验与启示

软件研制人员一般会想到加减导致溢出，很少考虑到累加器求负操作也会导致溢出。测试人员在进行动态测试时发现下边界值时累加器求负操作结果异常，后经分析发现为未对其进行溢出保护。

覆盖完善的边界测试可发现因软件研制人员和测试人员不精通某编程语言导致的软件缺陷，对提高软件质量有重要意义。

A.2 接口设计类

A.2.1 CAN 总线多帧通信数据帧翻转错误

（1）软件问题描述

控制软件接收上位机发送的装定参数命令时，若漏收了中间帧的一帧数据，后续接收装定参数命令时，中间帧的两帧数据翻转，会导致时间控制模式下充气控制异常。

（2）问题分析

装定参数命令共 4 帧数据帧，控制软件中定义了 3 个邮箱来处理该命令。邮箱 17 用于接收装定参数命令的首帧，邮箱 18 接收装定参数命令的中间帧，邮箱 19 接收装定参数命令的尾帧；其中，中间帧有两帧数据帧。

总线接收中断函数 can _ receive 中对装定参数命令的处理如下：

```
if(ECanaRegs. RMP17 = = 1)  //邮箱 17 接收
{
    ……//处理装定参数命令的首帧
}
if(ECanaRegs. RMP18 = = 1)  //邮箱 18 接收
{
ECanaRegs. RMP18 = 1;
Frame_Temp+ + ;
if(Frame_Temp = =1)
{
    DataTemp[6] = ECanaMboxes. MBOX18. MDL. byte. BYTE0;
    DataTemp[7] = ECanaMboxes. MBOX18. MDL. byte. BYTE1;
    ……
```

```
        DataTemp[13] = ECanaMboxes.MBOX18.MDH.byte.BYTE7;
    }
    else if(Frame_Temp = =2)
    {
        Frame_Temp =0;
        DataTemp[14] = ECanaMboxes.MBOX18.MDL.byte.BYTE0;
        DataTemp[15] = ECanaMboxes.MBOX18.MDL.byte.BYTE1;
        ……
        DataTemp[21] = ECanaMboxes.MBOX18.MDH.byte.BYTE7;
    }
    else
    {
        /*其余情况不响应*/
    }
    }
    if(ECanaRegs.RMP19 = = 1)   //邮箱 19 接收
    {
        ……//处理装定参数命令的尾帧
    }
```

正常情况下，收到装定参数命令中间帧第 1 帧数据时，会进入邮箱 18 处理分支，变量 Frame _ Temp 初值为 0，执行 Frame _ Temp++后，变量 Frame _ Temp 的值变为 1，因此会进入 if（Frame _ Temp ==1）分支，将中间帧第 1 帧数据存放在 DataTemp［6］～DataTemp［13］中；收到中间帧第 2 帧数据时，再次进入邮箱 18 处理分支，执行 Frame _ Temp++后，变量 Frame _ Temp 的值变为 2，因此会进入 if（Frame _ Temp ==2）分支，将中间帧第 2 帧数据存放在 DataTemp［14］～DataTemp［21］中。如果通信过程中出现异常，未收到中间帧第 2 帧数据，此时变量 Frame _ Temp 的值为 1。代码设计未考虑到通信异常情况，变量 Frame _ Temp 没有及时清零。后续重新接收装定参数命令，收到中间帧第 1 帧数据时，会将数据存放在 DataTemp［14］～DataTemp［21］中；收到中间帧第 2 帧数据时，会将数据存放在 DataTemp［6］～DataTemp［13］中。综上所述，数组 DataTemp 中存放的中间帧两帧数据翻转，存放的数据为时间控制参数，参数顺序错误，会导致时间控制模式下的充气控制异常。

（3）经验与启示

计数变量应当在正常使用后及时清零。涉及与外部接口进行通信时，有可能发生计数中断的情况，应当注意异常情况下的计数变量清零处理。

A.2.2 CAN 总线多帧数据与单帧数据混合

(1) 软件问题描述

控制软件查询设备状态信息时，偶尔不能收到设备的应答信息。

(2) 问题分析

控制软件对于 CAN 总线接收数据的处理流程图如图 A-1 所示。

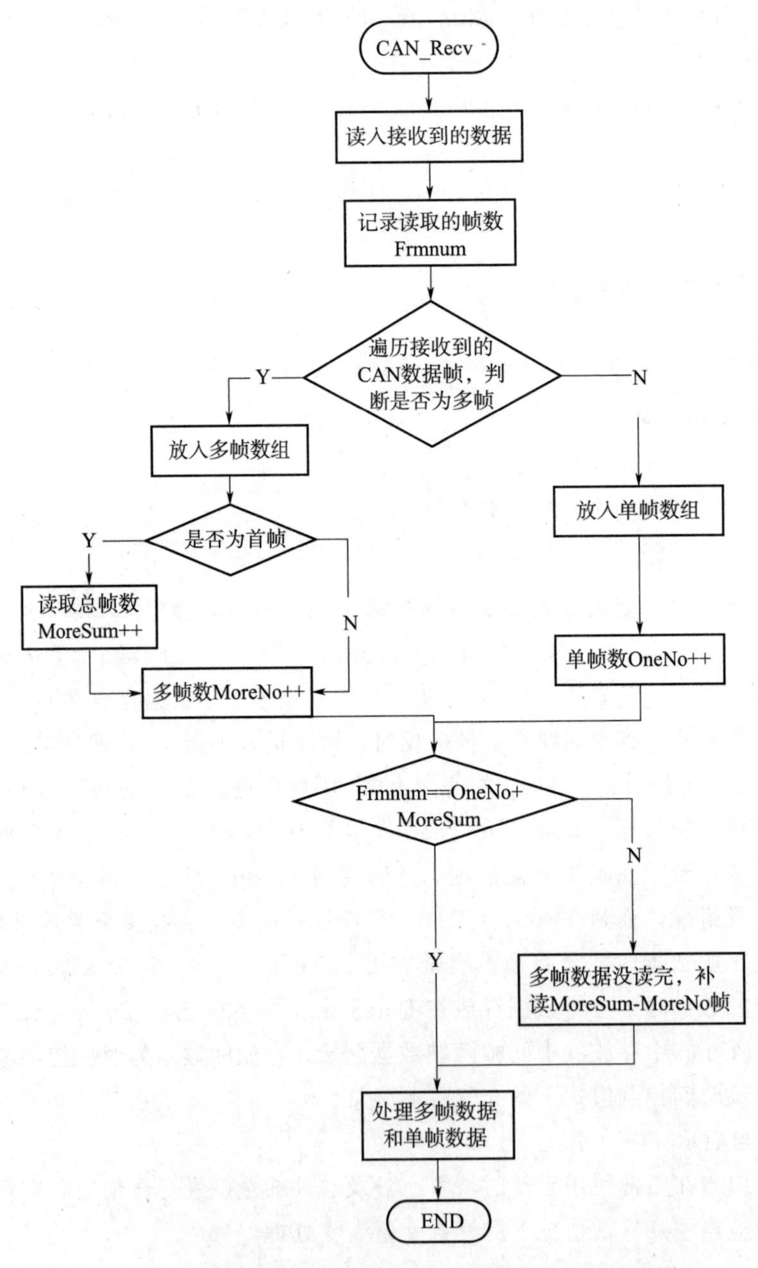

图 A-1　控制软件对于 CAN 总线接收数据的处理流程图

软件考虑到每次读取 CAN 总线数据中有可能会同时存在多帧和单帧的情况，所以进行了单帧和多帧的分类处理，也考虑到了一次读取 CAN 总线数据时，不能把多帧数据读完，所以进行了补读操作，可以说设计人员考虑得还是比较全面的，但是设计人员没有考虑到，在进行多帧数据补读时，有可能也会补读到单帧数据。

当以下情况发生时就会发生“控制软件查询设备状态信息时，偶尔不能收到设备的应答信息”的问题：控制软件在运行过程中对液压控制设备进行 1 次/秒的实时状态监测，液压设备回复的实时状态监测应答帧为包含 41 字节的多帧数据（包含 1 个首帧、5 个中间帧和 1 个尾帧）。当控制软件对设备进行状态信息查询时，设备回复的状态信息查询应答帧（单帧）偶尔会与液压控制设备的实时状态监测应答帧（多帧）同时到达，如果进行多帧补读，而且补读的数据中正好有设备回复的状态信息查询应答帧时，软件则不能把状态信息查询应答帧提取出来，同时液压控制设备的实时状态监测应答帧在组帧时也不能成功。

（3）经验与启示

被测软件的外部 CAN 总线上，如果挂的设备不止一个，应考虑外部设备同时给被测软件发送 CAN 数据帧的情况。如果存在补读数据的情况，补读的数据应与首次读数据的处理一样，也要进行单帧和多帧的分类考虑。如果外部设备能够发送多帧数据，应分别考虑多帧的首帧、中间帧和尾帧与别的设备的数据帧一起到达时，软件如何处理。

总之多帧的情况要比单帧的情况复杂得多。遇见 CAN 总线多帧数据处理时，不仅要考虑本设备多帧数据首帧、中间帧和尾帧的各种异常情况，还要全局考虑与别的设备进行通信的时序与数据交互情况。

A.2.3　位置指针缺陷造成数据接收容错设计失败

（1）软件问题描述

控制软件数据通信时，采用 0x7e 0x55 作为帧头，当报文帧头正确时进行正常数据通信；当帧头错误时，进行容错处理，剔除错误帧，保证下一个正常帧数据正确接收处理。

控制软件中有一个容错设计是：当接收到连续两个 0x7e 0x55 时，会从第二个 0x7e 0x55 开始检查数据是否正确，如果数据合法就接收处理。但实际程序实现时，由于数据指针的移动缺陷造成把第 2 个 0x7e 0x55（帧头）中的 0x55 作为数据，从而造成数据帧接收错误。

（2）问题分析

存在缺陷的代码如下：

```
if ((nbyte = read(g_handle_CarCom, (char * )recvbuf, RECV_CAR_MAX_BYT)) >
0)//145 行
……
for (i = 0; i < (nbyte - 1); i+ +)//161 行
{
    if(recvbuf[i] = = 0x7e)//163 行
    {
```

```
        if ((pktflag = = 0) & & (recvbuf[i + 1] = = 0x55))// 帧头
        {
            pktflag = 1;
            dataflag = 1;
            datanum = 0;
            i + +;
        }
        else if ((pktflag = = 1) & & (datanum ! = 0) //帧尾
        {/*将报文放入环形队列*/
  ……
}
else if ((pktflag = = 1) & & (datanum = = 0) & & (recvbuf[i + 1] = = 0x55))
                  // 连续两个 0x7e 0x55          181 行
{
    dataflag = 1; //183 行
}
else
{
    pktflag = 0;
}
}
else// 数据    190 行
{
    if (dataflag = = 1)
     {
        message. data [datanum] = recvbuf [i];
        datanum + +;
    }
}
```

在 161 行开始接收到数据，163 行开始对所有数据进行分析，当接收数据为 0x7e 则判断下一个是否为 0x55，即是否为帧头（存在 0x7e 0x55）的情况。第 181 行是在已接收到 0x7e 0x55 的情况下又接收到 0x7e，判断下一个是否为 0x55，即是否存在 0x7e 0x55 0x7e 0x55 的情况。如果是，则把第 1 个 0x7e 0x55 丢弃，把第 2 个 0x7e 0x55 作为帧头。但在 183 行仅置数据标志 dataflag 为 1，而在下一次循环时 161 行 i＋＋，此时的 recvbuf [i] 即为上次的 181 行处 recvbuf [i ＋ 1]，即帧头第二个数据（0x55），不为 0x7e，进入 190 行把帧头第二个数据（0x55）作为数据处理。

代码处理流程如图 A－2 所示。

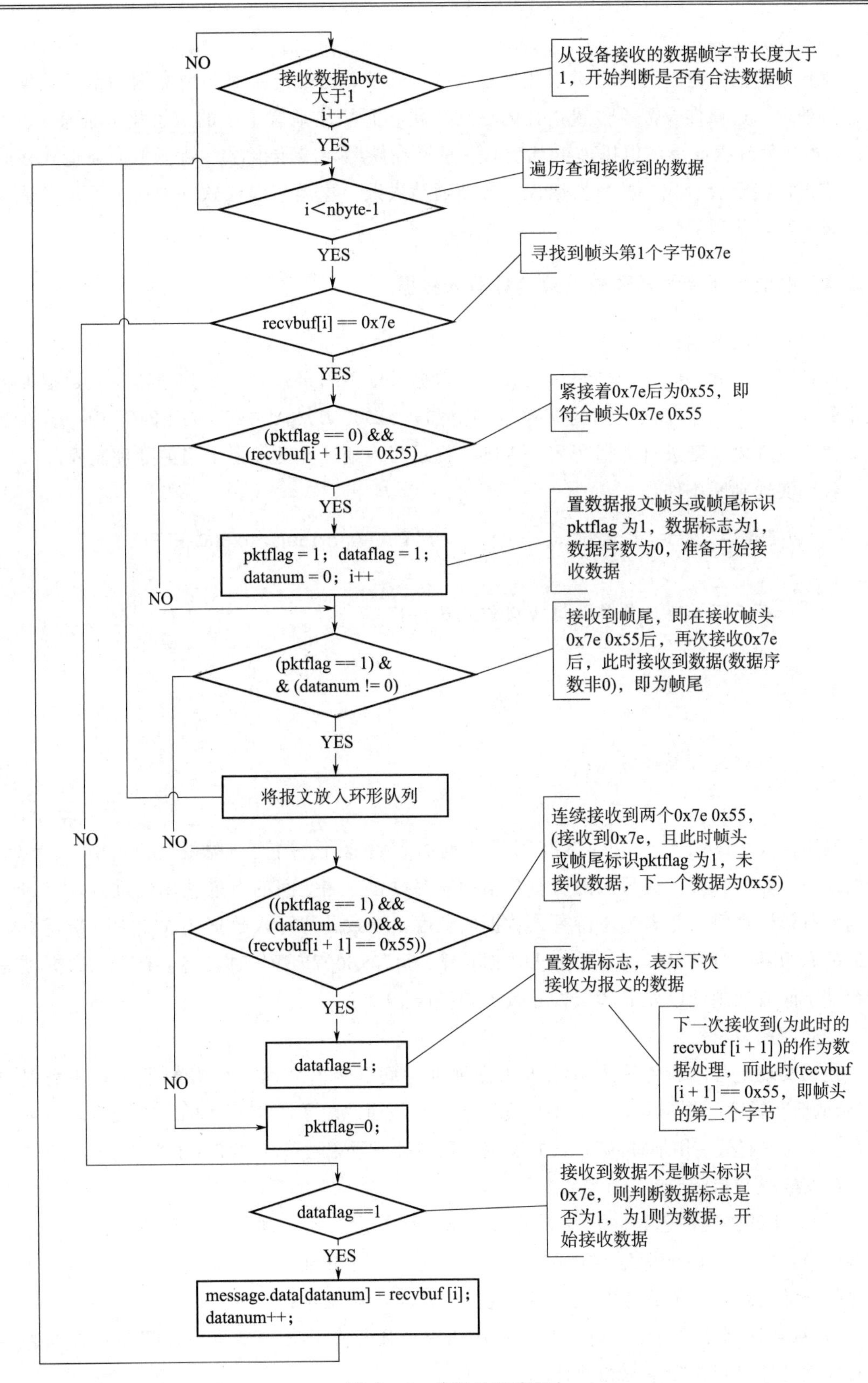
NO
接收数据nbyte
大于1
i++
从设备接收的数据帧字节长度大于1，开始判断是否有合法数据帧
YES
遍历查询接收到的数据
i<nbyte-1
YES
寻找到帧头第1个字节0x7e
recvbuf[i] == 0x7e
YES
紧接着0x7e后为0x55，即符合帧头0x7e 0x55
(pktflag == 0) &&
(recvbuf[i + 1] == 0x55)
YES
置数据报文帧头或帧尾标识pktflag 为1，数据标志为1，数据序数为0，准备开始接收数据
pktflag = 1；dataflag = 1；
datanum = 0；i++
NO
接收到帧尾，即在接收帧头0x7e 0x55后，再次接收0x7e后，此时接收到数据(数据序数非0)，即为帧尾
(pktflag == 1) &
& (datanum != 0)
YES
将报文放入环形队列
NO
NO
连续接收到两个0x7e 0x55，(接收到0x7e，且此时帧头或帧尾标识pktflag 为1，未接收数据，下一个数据为0x55)
((pktflag == 1) &&
(datanum == 0)&&
(recvbuf[i + 1] == 0x55))
置数据标志，表示下次接收为报文的数据
YES
下一次接收到(为此时的recvbuf [i + 1])的作为数据处理，而此时(recvbuf [i + 1] == 0x55，即帧头的第二个字节
dataflag=1；
NO
pktflag=0；
接收到数据不是帧头标识0x7e，则判断数据标志是否为1，为1则为数据，开始接收数据
dataflag==1
YES
message.data[datanum] = recvbuf [i]；
datanum++；

图 A-2　代码处理流程

(3) 经验与启示

在数据通信处理过程中，考虑数据接收的正确性，有时需要对当前数据的前后数据进行分析处理，这就涉及数据位置指针的移动变化。而往往是这小小的位置指针前移1、后移1，虽然处理很简单，但机理很复杂，一旦存在缺陷，隐藏很深。处理不当会造成接收数据错误，甚至会造成多帧数据错误，导致通信失败。这类错误在软件中屡见不鲜，造成的危害不小，值得关注。

A.2.4 地址判断错误导致向无效地址写入数据

(1) 软件问题描述

设计要求：软件向存储空间写入数据（数据长度不固定）时，先判断待写入数据即将占用的地址是否在该存储空间的有效使用范围（0x60000000～0x6007FFFF）内，若在此有效使用范围内，则进行数据写入；否则，提示写入地址异常并退出当前处理流程。

代码实现判断条件：

```
if((W_DATA_adder <0x60000000) || (W_DATA_adder>0x6007FFFF))
{
    //提示写入地址异常并退出当前处理流程;
}
else
{
    //正确进行数据写入;
}
```

其中，W_DATA_adder为待写入数据的起始地址。待写入数据的基本属性包括：起始地址、数据长度。待写入的所有数据均应存放在存储空间的有效使用地址内。上述代码判断有效地址时，并未考虑待写入数据的长度，导致若待写入数据的起始地址接近有效地址的右边界，且满足（起始地址＋数据长度）＞ 0x6007FFFF时，将会有部分数据被写入存储空间有效地址以外的区域，导致未知错误。

(2) 问题分析

代码实现过程判断待写入数据占用的地址空间是否有效时，仅考虑了待写入数据的“起始地址”属性，并未考虑“数据长度”属性，从而忽略了“待写入的所有数据均应存放在存储空间的有效使用地址内”，代码实现过程与设计原意相违背，导致了本缺陷的发生。

(3) 经验与启示

1) 上述缺陷是由于软件开发人员未遵循设计原意进行实现，对异常处理过程考虑不够全面导致的。因此开发人员在实现阶段，首先确保充分理解设计原意，其次，要对数据边界的异常处理进行全面考虑，才能避免此类问题再次发生；

2) 从软件测试的角度来讲，无论在代码审查还是在动态测试阶段，都要对数据边界的有效性处理进行充分考虑和验证。

A.2.5 软硬件接口设计不完善导致程序死循环

(1) 软件问题描述

如果芯片的采样结束输出指示信号 BUSY 引脚信号不能变为低电平，则程序进入死循环，无法实现后续功能。

(2) 问题分析

软件包括主函数和中断函数，其中主函数主要用于时序信号的产生和响应各种指令，中断函数用来实现遥测数据的采集、成帧。主函数流程图如图 A-3 所示，中断函数流程图如图 A-4 所示。

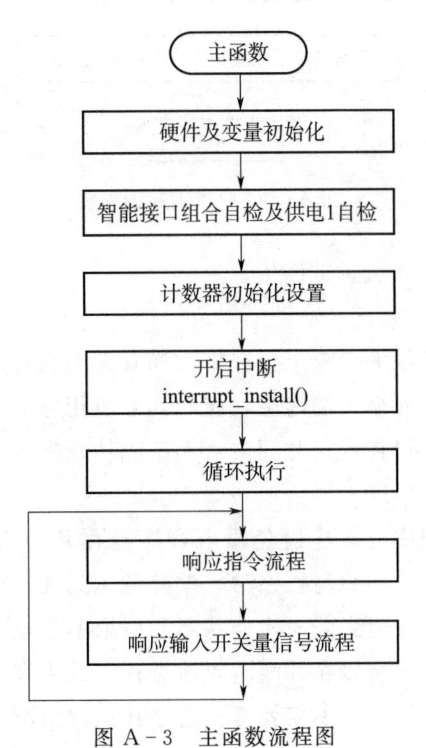

图 A-3 主函数流程图

如图 A-4 所示，中断函数处理流程中会依据当前时刻进行模拟量或数字量的采集和成帧，当进行模拟量的采集时，需执行函数 read _ AD ()，函数中包含下述语句：

```
do {}   while((*AT91C_PIOB_PDSR&0x00000020)! =0);
```

其中 *AT91C _ PIOB _ PDSR&0x00000020 为 AD 转换器的 BUSY 输出引脚，作为 ARM 处理器的输入引脚，该信号在模拟量转换期间为高电平，其余时刻为低电平，即在不进行模拟量转换和模拟量转换结束时，该引脚都为低电平，初始状态也为低电平（已经过实测验证）。该语句含义为当 AD 转换器采集模拟量完成，即 BUSY 引脚为低电平，则执行后面的读取数据指令，否则处于等待状态。

如果在上电后 BUSY 引脚失效，则程序进入死循环，无法跳出中断函数，导致软件无

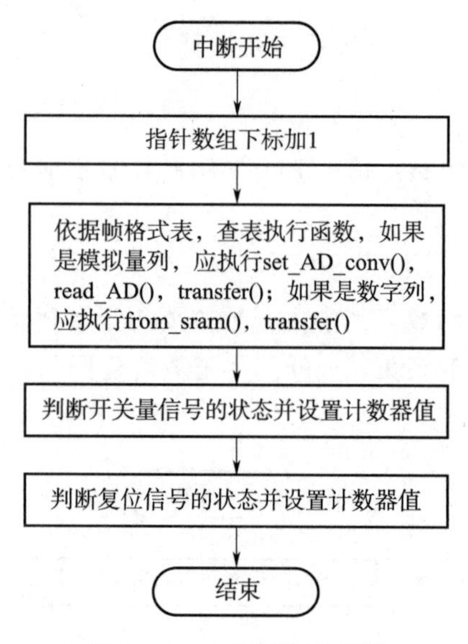

图 A-4　中断函数流程图

法响应各种指令，时序信号无法正常产生。

（3）经验与启示

实时控制软件对执行时限的要求十分严格，如有无限循环的因素存在，则是软件的大忌。判别条件的无限循环是死循环的隐患，应对其采取相应的控制措施，如可采取最大循环次数或定时器的控制。使得在规定时间内（无论成功或失败）能确保通信中断服务程序退出。

软件设计人员在编写程序时，应避免出现程序死循环，否则就会影响整个系统的运行。在本案例中软件设计人员在编写程序时，没有考虑到硬件的情况，一旦硬件发生问题就会造成程序的死循环，软件就会陷入瘫痪状态，后果不堪设想。由于航天型号软件都是与硬件紧密结合的应用程序，所以在评测时要注意程序是否有可能由于硬件的原因而出现程序死循环的问题。软件测试人员不仅要考验程序在正常情况下的执行情况，同时也要考验程序在非正常情况下的执行情况。

A.2.6　双口 RAM 通信写入数据时未使用同步锁定方式的问题

（1）软件问题描述

代码审查时发现，程序在使用双口 RAM 芯片时，未使用获取同步锁的方式来判断双口 RAM 芯片的另一端的读写状态，将会出现本端向缓冲区写入一帧数据时，另一端可能读取缓冲区数据，而读取速度又比写入速度快，导致同一帧数据内部不一致。

（2）问题分析

代码片段如下：

```
if(PRxDataN1 >= PRxDataN1_head + CWF[0].c_ub_Size - 1)
{
```

```
        RAM_Page_Get((uWORD)(PRxDataN1_head - 4));
        main_pf = (XBYTE)(PRxDataN1_head - 4);
        * main_pf = IFlag_MCU_Write_OK;
        main_pf + = 2;
        * main_pf = IFlat_MCU_Write_OK;
        RAM_Page_Release((uWORD)(PRxDataN1_head - 4));
        PRxDataN1 = 0
        PRxDataN1_head = 0;
    }
    else
    {
            if(0x01 = = ( * sub_pf & 0x01))
        {
            if(P0 & 0x04)
            {
                main_pf = (XBYTE)FIFOData1_Add;
                for(main_i = 0; main_i < 8; main_i+ +)
                {
                  * PRxDataN1 = * main_pf;
                  RxDataN1 + + ;
                }
              }
            CPLDTimerStart(0)
        }
        else
        {
            if(1 = = CPLDTimerCheck(0))
            PRxDataN1 = PRxDataN1_head
        }
    }
```

如上代码所示，在判断 RS-485 通信接口的状态寄存器 if (P0 & 0x04) 表明 RS-485 的接收区 FIFO 内有数据时，获取指向双口 RAM 的指针，并将数据向双口 RAM 写入。此时并未尝试获取双口 RAM 芯片的“锁定”标识，将会导致双口 RAM 的另一端软件在读取数据时，存在同一帧内部数据不一致的风险。

(3) 经验与启示

双口 RAM 是目前芯片间通信较常见的使用方式，一定要注意对通信两端的同步操作进行仔细检查，因为该类问题在动态测试时不是总能够发现或监测到。如果通信两端缺少其他同步的方式，两端的时序完全不受控制，在没有使用通信同步的情况下，同一帧内数据不一致的问题不一定出现，但一旦在某些异常情况下，对一端的运行时序产生影响后，将可能产生通信不同步。

A.3 中断和现场保护类

A.3.1 数据处理过程被中断打断导致目标识别错误

（1）软件问题描述

数据计算与数据传输过程可能被中断打断。

本软件在运行过程中有多个中断，包括中断 4、中断 5、中断 6、中断 7。其中中断 4 为通信数据中断，中断 5 为 FPGA 中断。测试人员对中断进行专项分析，发现中断 4 和中断 5 触发的随机性会导致数据计算与数据传输过程被打断，导致的问题共有 3 类，分别为：

1）中断 4 为接收数据中断，软件运行过程中，可被中断 4 打断，计算过程中部分使用上一帧数据，部分使用当前帧数据，导致计算结果有误。

2）在中断 4 接收的数据内容中还包括设备编号，作为数组下标使用，如下：

```
if(((radarMask&(1<<current_radar_number))! =0)||(AUTO_TEST_MODE= =1))
//如果该参数超限,则返回
{    freq_set=current_radar[current_radar_number].carrier_frequency;
    DC_SET.freq_range=current_radar[current_radar_number].band_range+15;
    DC_SET.freq_range=(DC_SET.freq_range>502)? 502:DC_SET.freq_range;
    DC_SET.radar_style=current_radar[current_radar_number].radar_style;
    pri_max=current_radar[current_radar_number].prtmax;
    pri_min=current_radar[current_radar_number].prtmin;
    pw_max =current_radar[current_radar_number].pwmax;
    pw_min =current_radar[current_radar_number].pwmin;
    AUTO_TEST_MODE=0;
    DC_SET.current_radar_number = current_radar_number;
}
else
{
    preset_number=0;
    return;
}
```

如果运行到 if 条件内，语句“pri _ min=current _ radar [current _ radar _ number]. prtmin;”之后时，接收到中断 4，就会对设备编号 current _ radar _ number 进行更新，当设备编号 current _ radar _ number 改变时，相应的脉宽值 pw _ max 和 pw _ min 发生改变，与信号重复周期 pri _ max 和 pri _ min 内容不同步，导致后续计算结果错误。

3）中断 5 中对信息进行了更新，主程序中通过函数 memcpy（&Data _ R，&PDW _ CorrMatrix _ buffer [1]，sizeof（Data _ R））将中断 5 接收的信息转存到指定数组，在进行数据搬移时需要一定时间，此过程中仍可能接收到中断 5，此时信息不是同一帧数据，导致后续计算结果不准确。

（2）问题分析

经分析，软件出现以上问题的原因是设计师未充分考虑中断 4 和中断 5 的时间特性，使得在变量使用之处被该中断打断，在中断服务程序中对变量进行了更新，造成参与运算的数据使用的不是同一帧内容。

（3）经验与启示

对于有多个中断的嵌入式软件应进行中断专项分析，逐一分析中断的时间特性、中断之间的关系、是否有不能被中断打断的程序段、在中断服务程序中进行更新的全局变量应形成清单进行专项审查，逐一分析软件在中断设计和实现上的缺陷。

A.3.2 中断周期不一致导致 LED 灯闪亮时间错误

（1）软件问题描述

中断周期不同，导致 LED 灯闪亮时间错误。

（2）问题分析

在程序中有如下代码：

```
void DiagnosisFastProcess(ControlCtx *ctx, Timer *tf) {
    switch(ctx->Mode) {
    case CTRL_CW_MOTOR:
    case CTRL_CW_AUTOCONFIG:
    case CTRL_CW_STATOR_CURRENT:
    case CTRL_CW_SELFCHECK:
        if(((ctx->DiaState&0xFF)! =0) || ((ctx->DiaStateSlave&0xFF)! =0))
            {           ……
            ctx->Mot. Type=CONTROL_NONE;
            ctx->DiaFaultCnt++;
            ctx->DiaStateOld=ctx->DiaState;
                    ctx->Mode=CTRL_CW_NONE;
                            GpioDataRegs. GPASET. bit. GPIO20=1;
            SetLed(ctx, tf, 1);
```

```
            }
            else {//状态灯指示
              SetLed(ctx, tf, 0);
            }
            break;
        case CTRL_CW_NONE:
        ……
    }
    void SetLed(ControlCtx * ctx, Timer * tf, unsigned int num) {
        if(tf->TF_500ms==1){
        ……
        }
          tf->TF_500ms=0;
        }
    }
```

其中，DiagnosisFastProcess () 函数的周期为 125 μs，SetLed () 函数的周期为 500 ms，在异常情况下 LED 灯被置为常亮情况，正常情况下 LED 灯置为闪亮模式。

但在 DiagnosisFastProcess 故障自诊断过程中，如果自检过程中出现异常情况，则 LED 灯被置为常亮模式，因为 LED 灯一个周期为 500 ms。此时如果 DiagnosisFastProcess 故障自诊断状态再次更改为正常模式，并且时间在 500 ms 内，LED 灯无法正确将闪亮状态及时进行更改。只有等到 500 ms 后才能进行状态更改。这样不能实时更新程序状态反馈。

(3) 经验与启示

代码审查对于软件测试是不可或缺的部分，尤其是对有时间和时序要求的程序中，不同处理时间的时序，在实际流程中可能会出现，因为处理时间不同导致功能不能准确实现，造成不能及时反馈异常信息。

A.3.3 关中断指令使用不当导致复位措施失效

(1) 软件问题描述

本软件的中断包括 2 个定时器中断、1 个外部中断和 1 个 DMA 中断，另外有 1 个看门狗。

在软件需求规格说明文档的可靠性需求章节中有以下 2 点描述：

1) 设置看门狗，当软件跑飞时，让硬件复位；

2) 使用定时器监视主循环的执行时间，当其严重超时时，强行关闭硬件的总中断，迫使硬件复位，以让软件重启。

代码审查时发现以上的可靠性需求由于定时器 0 中断处理程序设计有误，不能实现，其程序流程图如图 A-5 所示。

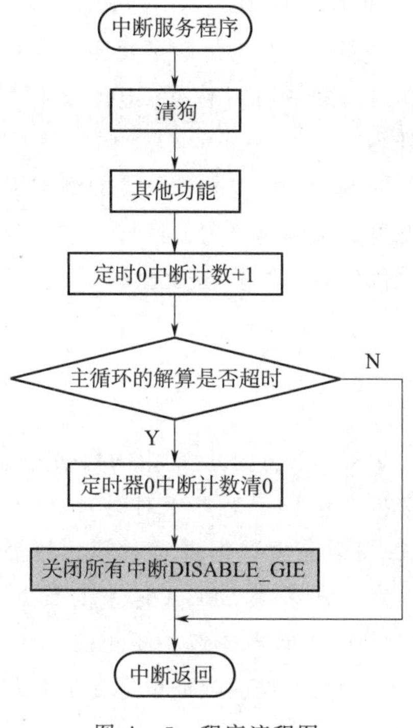

图 A-5　程序流程图

从程序流程图中可以看出，程序中的倒数第二条语句是关闭所有中断 DISABLE _ GIE 语句，编程意图是关闭所有中断，迫使硬件复位，但是实际上不能起到迫使硬件复位的作用。

（2）问题分析

TMS320C31 中，GIE 是全局中断使能标志，GIE=0 是关中断，GIE=1 是开中断，这一标志位于 DSP 的状态寄存器 ST 的 bit13 位上，关闭所有中断 DISABLE _ GIE 语句是将 GIE 置 0，即关闭了全局中断使能标志。

在 C 语言程序被中断时，中断程序将自动保护所有用到的寄存器。如定时器 0 中断程序中，用到了状态寄存器 ST，中断入口会自动完成状态寄存器 ST 及其他寄存器内容入栈的工作，然后进入中断、执行中断内的用户编制的程序功能，中断出口将恢复全部所用寄存器内容，导致退出中断后，全局中断使能标志 GIE 仍然为进入定时器 0 中断以前时的状态，即 GIE=1。所以本中断程序的设计不能完成迫使硬件复位以让软件重启的需求功能。

（3）经验与启示

软件开发人员对需求分析应深入细化，上述软件缺陷的产生可能是由于软件开发人员受到了《软件需求规格说明》中的“使用定时器监视主循环的执行时间，当其严重超时时，强行关闭硬件的总中断，迫使硬件复位，以让软件重启”这句话的误导，软件开发人员对需求理解不透彻造成的。在软件需求分析阶段的工作不够深入细致，这种状况是目前软件开发人员所面临的较为普遍的问题，因而此类问题应该举一反三，值得大家重视。

软件开发人员在输入/输出程序设计中，对中断传送方式应该加深理解，不但要了解中断服务子程序的编写方法和步骤，以及与一般子程序编写的一些不同之处，还要了解计算机的中断处理过程，特别是计算机硬件（包括 CPU 和外设）自动完成的动作。这样才能编写出没有缺陷的中断处理程序。

从软件测试的角度来讲，应该设计检验软件复位的测试用例，虽然设计这样的测试用例需要一定的条件，但是动态测试用例应该覆盖软件需求的全部功能，否则，可能使这项软件需求得不到验证，导致软件设计中的复位措施失效。

A.3.4 软件中断计时延后

（1）软件问题描述

在动态测试中发现，单个 RS-485 通信周期内的数据处理时间余量太小，有可能因计算超时而不能及时输出实时数据。该 DSP 程序以时间 m（单位为 ms）的 RS-485 中断时序作为自己的主工作时序，每周期前面数据采集时间大约为 n（单位为 ms），FPGA 每 1 ms 给 DSP 发送一次中断，分 n 次采集 FPGA 送来的数据，最后一段时间进行数据处理，形成控制指令及 RS-485 上传数据指令包。经测试，从收到 RS-485 中断开始到数据处理结束，时间余量太小，当所需处理的数据量进一步增大时，有超时的可能。

（2）问题分析

测试组和研制方共同对此问题进行了分析，最后确认此问题是由于响应 RS-485 中断后没有及时启动 FPGA 中断计时所导致的，问题代码以及具体分析如下：

```
interrupt void I485_int()
{
    ……
    I485_comm_pro();          //中断响应函数
    p=(int *)0x90000200;
    *p=0x0;                   //启动 FPGA 中断计时
    return;
}
```

在任务书文档中周期的时序要求：响应 RS-485 中断后开始对 FPGA 中断计时，1 ms 后，响应第一个 FPGA 中断，如图 A-6 所示。

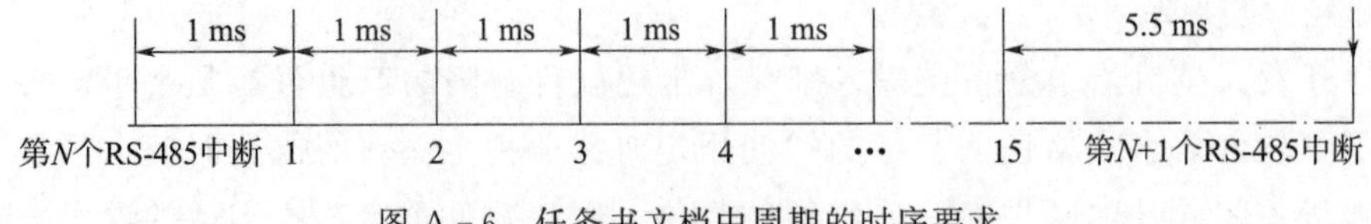

图 A-6 任务书文档中周期的时序要求

但在程序实现时，由于对 RS-485 中断处理函数 I485_comm_pro() 的执行时间估计不足，认为该函数不会占用太长时间，是在执行完该函数后才启动 1 ms 的 FPGA 中断计时，但实际上，RS-485 中断处理函数执行了约 0.6 ms，导致响应本周期内第一个 FPGA 中断的时间间隔超过了 1 ms（约为 1.6 ms），如图 A-7 所示。

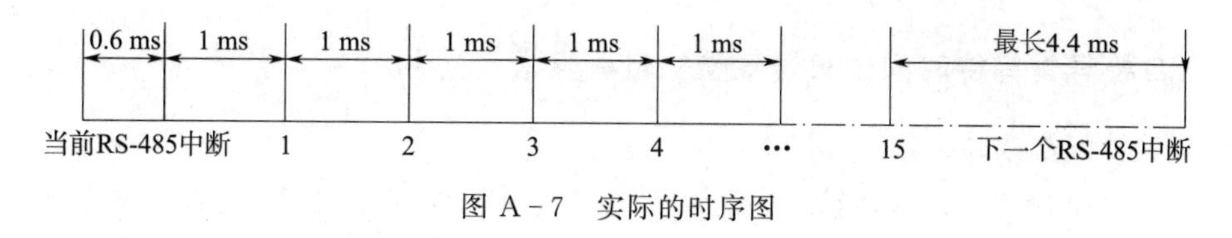

图 A-7　实际的时序图

当响应第 15 个 FPGA 中断后，分析留给数据处理时间仅剩 4.4 ms（20－15－0.6），实际动态测试后得到数据处理时间约为 3.9 ms，只余 4.4－3.9＝0.5 ms 的时间余量，这样周期的余量仅约 2.5%，有超时的可能。

（3）经验与启示

对于软件程序中的中断处理，尤其是当程序需要响应多个周期不同的中断时，测试人员需要格外小心，要充分了解各个中断的处理顺序，对于每个中断所需的执行时间都需要测试，要保证不会因为某个中断执行的超时而影响到软件其他中断的执行。

A.3.5　设计不当导致看门狗功能失效

（1）软件问题描述

本软件共有 2 个中断，分别为定时采集数据 INT1 中断（在 INT1 中断中喂狗）和 INT0 中断（狗叫中断，正常情况下不应响应此中断）。

代码审查时发现的，由于 INT0 为可屏蔽中断，尽管它的优先级高，但是程序不允许中断嵌套，当程序进入定时中断后跑飞，无法响应的 INT0 中断，导致看门狗不起作用。该问题在动态测试中也得到了验证。

（2）问题分析

在动态测试中，测试人员对看门狗的测试用例设计为：进入中断 INT1 即定时处理程序，在读接口数据处增加死循环语句，重新编译运行，测试程序运行在中断 INT1 中死循环时看门狗的状态。该项测试结果为程序一直处于死循环状态，狗未叫。

查阅 SMQ320C32 数字信号处理手册可发现，INT0～INT3 为外部中断，默认状态下中断不可嵌套。一旦进入其中一个，其他中断只能等待其退出后才能进入。如果程序在进入外部中断后不能正常退出，其他的外部中断是不能将其打断的。

（3）经验与启示

软件开发人员在进行程序设计时要对设计原理有清楚的认识，才能保证功能的正确实现。

从软件测试的角度来讲，应尽可能多地了解被测软件背景，设计有效的测试用例，才能充分地验证软件功能。

A.4　时序和时限类

A.4.1　自检异常等待时间过长导致整机自检异常

（1）软件问题描述

A 系统整机连接，但未连接 D，测试上电自检时间为（n_2+2n_1）（单位为 s），导致 E 软件在（$n_2+2n_1-n_3$）时间读取 A 综合自检结果时，D 状态为初始正常状态。

（2）问题分析

系统上电后，A 软件对 D 组件的自检实现流程为：如果 D 组件与 A 连接正常，则 D 组件置设备连接标志为 YES，在检测到 YES 标志时，A 软件读取 D 组件工作状态标志，如果设备状态工作正常，则置 D 组件自检状态正常；如果 D 组件与 A 连接正常，但工作状态不正常，则 A 需要等待时间 n_1 后，读取 D 组件工作状态；如果 D 组件未连接，则 A 软件需要进入等待设备连接标志（n_1）和等待设备正常标志（n_1）逻辑后，置 D 组件工作状态为异常。A 软件对 D 组件的自检流程图如图 A-8 所示。

系统整机测试时，A 软件各外围设备均正常连接且正常工作情况下，系统自检时间为 n_2，其中 $n_1<n_2$；如果 D 组件未连接，则系统自检时间为（n_2+2n_1），导致 E 软件在时间（$n_2+2n_1-n_3$）读取 A 综合自检结果时，D 状态为初始正常状态。

分析原因为：如果 D 组件未开启，A 软件未检测到连接状态则进入等待 n_1 逻辑，此过程 D 组件不会向 A 软件返回工作状态，则 A 软件再次进入另一个超时等待 n_1 逻辑，导致自检时间为（n_2+2n_1）。

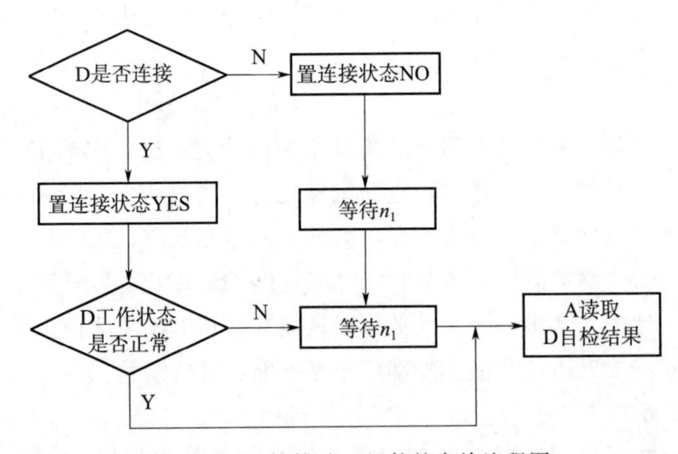

图 A-8　A 软件对 D 组件的自检流程图

（3）经验与启示

软件自检应充分考虑整机连接相关组件异常的等待条件，保证取到当前的最新自检状态。在软件中各设备的自检初始状态应置为异常，才能避免因未取到正确的自检结果导致的“带病运行”。

A.4.2 调用自检函数时机错误和未考虑自检结果上报时序导致自检异常

（1）软件问题描述

软件上电自检时，B 软件和 C 软件自检状态无论是正常或者异常，A 软件显示 B、C 软件的自检状态均为异常。

（2）问题分析

A 软件自检流程实现逻辑为：系统上电后，A 软件通过核 0 和核 1 分别向 B 软件和 C 软件发送自检指令，核 1 读取 C 软件的自检结果 a，核 0 读取 B 软件的自检结果 b，核 1 将自检结果 a 和核 0 上报的自检结果 b 进行状态综合后，上报给 A 软件。如果 B 软件或 C 软件在时间 N（单位为 s）后未返回自检结果，则 A 软件判断为自检超时，认为该部件自检异常。

经排查，原因有两个：

1）在主函数中，A 软件先调用自检函数，再去读取核 1 综合自检结果，因此 A 软件读取到的 C 软件和 B 软件自检结果不是当前状态，而是两个器件的初始状态，即故障状态，导致测试中 C 软件和 B 软件的状态一直未更新；

2）程序对自检结果的超时等待逻辑为：如果判断到 C 软件正常或异常时间 N（单位为 s）则退出等待 while 循环，分析程序得知，B 软件的自检结果 b 是由核 0 传给核 1 的，核 0 在上电后 $(M+M_1)$（单位为 ms）才会向核 1 传送自检状态信息，如果自检指令发送时间早于 $(M+M_1)$，会出现 B 软件信号虽然正常但还未传输给核 1，但 C 软件在 M（单位为 ms）已经上报给核 1 自检正常结果，在 $(M+M_1+M_2)$（单位为 ms）时核 1 上报自检结果 a 和自检结果 b 后，此时超时 while 循环就会退出，导致 A 软件显示自检结果中 B 软件为异常。

（3）经验与启示

在软件自检功能中，必须考虑发送自检结果与读取自检数据的优先顺序，确保自检数据为最新状态。

测试中异常比较难以构造，如果测试人员对异常测试采用仅在程序中设置断点，人为设置异常将标志置位，检查软件是否报出异常，则很难发现自检异常问题。因此验证异常尽量要在系统实际应用中进行，充分考虑各部件处理的时序性，确保自检能够真正检测到各个设备状态。

A.4.3 未充分考虑功能与计算耗时的关系，导致软件无法开出延时启动脉冲

（1）软件问题描述

设计意图：软件先发出启动脉冲，再计算出延时时间，如果计算结果为负，则立刻开出延时脉冲；否则按延时时间开出延时脉冲。

代码审查发现设计不完善，没有考虑计算结果（即延时时间）小于计算耗时的情况，此情况软件也应立刻发出延时启动脉冲。

正常的延时时序如图 A－9 所示，发现信号后开出启动脉冲 XF0，并同时开始计算延时时间，计算完毕后得到的延时时间（一般约几个 ms 级别）大于程序计算所用时间（约 20 μs 级别），然后启动定时器，等待时间（计算出的延时时间—程序计算所用时间）到后，开出延时脉冲 XF1。

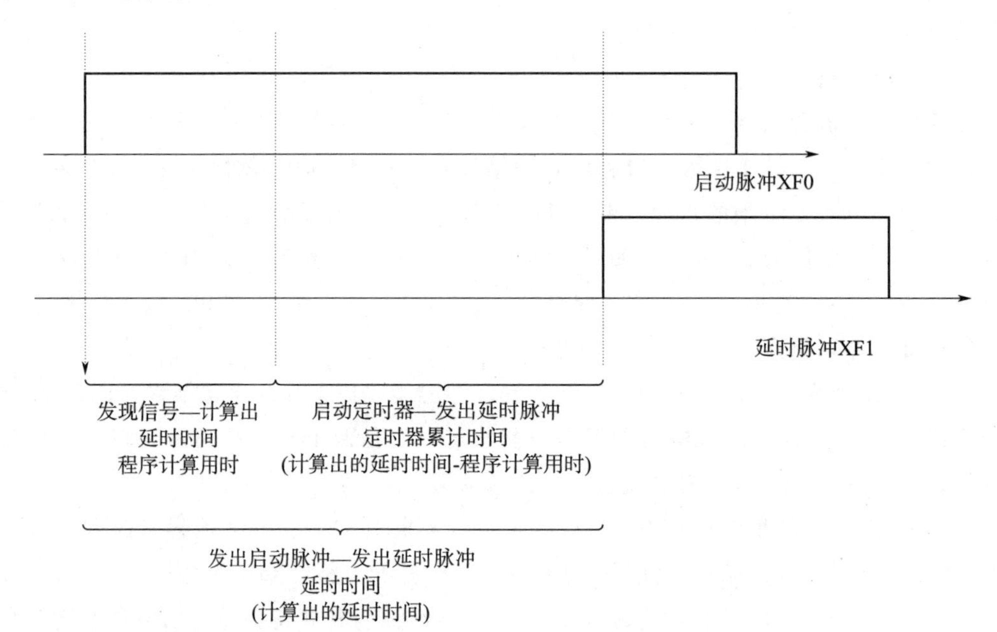

图 A－9　正常的延时时序

为提高安全性，程序设计了防负延时情况，即当计算得到的延时时间为负时，则立即开出延时启动脉冲 XF1。

但是安全性设计还需完善，当计算得到的延时时间大于 0 而小于程序计算用时时间时，此时也应立即开出延时脉冲 XF1，但是程序处理仍为启动定时器，等待时间（计算出的延时时间－程序计算所用时间）（此值为负数）到后，开出延时启动脉冲 XF1。而这个条件将不能满足，即无法开出延时启动脉冲 XF1。

（2）问题分析

经与设计师及总体讨论，异常情况下立即开出延时脉冲是明确要求的。但是由于计算得到的延时启动时间小于计算耗时的情况，属于程序内部实现细节，并没有纳入各方的深入考虑的视野。

（3）经验与启示

1）软件总体和设计人员对异常条件要深入考虑，分析各种情况；

2）软件测试人员要对系统时序有高度的敏感性；

3）软件测试有条件的情况下应按公式或情况进行全分支覆盖测试。

A. 5　运行环境类

A. 5. 1　A/D 模数转换芯片量程导致电源检查结果失效

（1）软件问题描述

由于 A/D 模数转换芯片量程设置过小（－10～＋10 V），在检测±10 V 电源输出超范围时，电源电压的检查结果失效。

软件需求为：＋10 V 电源的输出电压在＋9～＋10 V 之间时，认为＋10 V 电源电压输出正确，－10 V 电源的输出电压在－9～－10 V 之间时，认为－10 V 电源电压输出正确。

存在的缺陷：如果＋10 V 电源的输入电压为＋12 V，或者－10 V 电源的输入电压为－12 V，程序的判定结果仍然为电源电压输出正确。

（2）问题分析

信息处理器设计为在采集＋10 V 和－10 V 电源的电压时，A/D 转换芯片所能表示的最大电压范围为（－10～＋10 V），无法表示超过该范围的电压值，当＋10 V 电源的输入电压为＋12 V，－10 V 电源的输入电压为－12 V 时，由于 A/D 转换芯片最多能表示为－10 V～＋10 V，致使程序认为采集到的电压为＋10V 和－10V（判定为正常电压，而实际上电压过高），使＋10 V 和－10 V 电源自检功能失效。

（3）经验与启示

在正常的使用过程中，电源电压出现异常的状态较少，该缺陷暴露的机会很少。而在动态测试，要发现此问题，需对被测件进行故障注入，而强行调高电源的输入电压，容易对设备造成损坏，测试人员很难说服研制方执行这样的测试用例，但通过代码审查，并对 A/D 转换芯片有一定了解的话，该问题较容易被发现。

A. 5. 2　未充分考虑外界干扰导致软件陷入死循环

（1）软件问题描述

DSP 软件在读取 FPGA 给出的信号脉冲数据时，使用 while 循环结构，当 DSP 软件读取到 FPGA 的脉冲数据准备好或校准数据准备好标志后，开始读取数据，当脉冲数据成功读取后，跳出循环。正常情况下，程序可跳出死循环。但是 DSP 软件在读取信号脉冲数据过程可能受到外界干扰，导致与 FPGA 接口不稳定，测试人员对代码和实际运行场景进行分析，发现以下两种情况下，程序会进入死循环：

1）干扰导致 FPGA 的脉冲数据准备好且校准数据准备好标志未能清零，程序会进入死循环；

2）校准数据准备好标志未受干扰影响，但是脉冲数据准备好标志受干扰未能清零，程序进入死循环。

（2）问题分析

测试人员与设计师进行了问题确认，软件发生以上问题的原因是设计师在进行软件设计时，未考虑到硬件可能的故障，软硬件接口设计不完善，一旦发生通信信号受到干扰就会造成死循环。

（3）经验与启示

软件设计人员在编写程序时，应避免出现程序死循环。在本软件中，由于设计人员没有考虑到硬件的情况，一旦硬件因为外界干扰导致接口不稳定就会造成程序的死循环，后果不堪设想。型号软件都是与硬件结合紧密的应用程序，软件设计人员和测试人员都应考虑到程序是否由于硬件原因而出现程序死循环的问题。

A.6 计算和算法类

A.6.1 二维数组遍历逻辑错误

（1）软件问题描述

数据处理模块中，由于滤波数据二维数组 f1st _ Frame [3] [10] 下标变量计算语句放置位置错误，导致不能以正确顺序访问 f1st _ Frame [3] [10] 中数据，从而导致滤波数据累加和 f1st _ Sum [3] 的错误。

（2）问题分析

如下语句：

```
for (i=0;i<3;i++) {
    f1st_Sum[i]=0;        ←滤波数据累加和初始化
}
……
counter=0;  ←数组第二维下标，赋 0
……
for (i=0;i<3;i++){  ←数组第一维下标，从 0 开始到 2 循环
    ……
    f1st_Sum[i] += f1st_Frame[i][counter];
    counter++;        ←数组第二维下标从 0 开始与 i 同时循环
    if (counter >= 10)
    counter=0;
}
```

其中，f1st _ Sum [3] 数组用于分别存放 3 个通道最近 10 次滤波数据的累加和，f1st _ Frame [3] [10] 数组用于分别存放 3 个通道最近 10 次的滤波数据，循环变量 i 表示通道号，变量 counter 表示 10 次的滤波数据指针。

该段代码的原意是数组 f1st _ Frame [3] [10] 顺序存放 3 个通道最近 10 次滤波数

据，再分别计算这 3 个通道最近 10 次滤波数据的累加和，并将累加和放入数组 f1st _ Sum [3] 中。累加和计算方法是将从累加和中剔除 counter 指针指向的数据，加入当前帧滤波数据。

经对该段代码进行分析，在该模块中，运用变量 i 和 counter 对二维数组进行访问。由于运算“counter++”置于 for 循环内，导致无法顺序遍历二维数组 f1st _ Frame [3][10] 中的 10 个数据，由此使得数组 f1st _ Sum [3] 中存储的并不是最近 10 次滤波数据的累加和。图 A-10 中灰色加粗部分标出了 counter 第一次被清零前，数组 f1st _ Frame 被访问的元素，由此可见，程序不能顺序遍历数组 f1st _ Frame，从而不能累加最近 10 次滤波数据。

[0][0]	[0][1]	[0][2]	[0][3]	[0][4]	[0][5]	[0][6]	[0][7]	[0][8]	[0][9]
[1][0]	[1][1]	[1][2]	[1][3]	[1][4]	[1][5]	[1][6]	[1][7]	[1][8]	[1][9]
[2][0]	[2][1]	[2][2]	[2][3]	[2][4]	[2][5]	[2][6]	[2][7]	[2][8]	[2][9]

图 A-10 f1st _ Frame 数组示意图

（3）经验与启示

对于二维数组的双重循环遍历，需要谨慎处理二维数组下标的运用。如果下标遍历不当，可能导致数组遍历逻辑的错误，最终导致处理的结果的错误。因此，测试人员应该仔细对待该问题，并认真分析，避免错误发生。

A.7 初始化和复位类

A.7.1 标识变量未及时清零导致通信容错设计失效

（1）软件问题描述

软件进行参数装定，发生错误时允许重新进行装定，最多 5 次。若为通信超时错误，最多允许重复 1 次，执行复位操作后，允许重新进行参数装定，最多 5 次。

程序中，发生通信超时错误之后，会执行复位操作，然后重新进行参数装定，此时若发生超时以外的其他错误，由于错误标识变量 FaultNO 没有被清空，程序会认为再次发生了“超时错误”，报错并退出装定流程，通信容错设计失效。依据容错设计原则，重新进行装定时，若发生超时以外的其他错误，应该允许再次进行参数装定。

（2）问题分析

函数 ParaFun 中 430～472 行：

```
for (char i = 0; i < 5; i++)//430 行
{
    if(ERROR == SendRecvFun(SendMsg, RecvMsg, FaultNO, 300))//432 行
    {
```

```
if (TimeOut = = FaultNO))//若通信超时//434 行
{
    if (2 = =  + + OverTime)//436 行:通信超时,最多允许重复 1 次
    {
    return ERROR;
    }
    else
    {
        ResetFun(N);//442 行:复位
        DELAY(2);
        i = -1;//444 行:复位后,允许重新进行参数装定
        continue;
      }
    }
    ……
    continue;
    }
……
memcpy((void * ) &RecvPara, (void * )(RecvMsg. Data), RecvMsg. Len);
if ( 0! = memcmp (( void * ) ( RecvMsg. Data ), ( void * ) ( SendMsg. Data ),
RecvMsg. Len))
{   sprintf(str,"%d#参数装定下传比较错误", N);
    RecordLog(Proce_TXT, str);
    continue;
}
else
{   return OK;
}
}
```

函数 SendRecvFun 为下层通信函数，标识变量 FaultNO 表示错误类型，TimeOut 表示通信超时。变量 OverTime 初值为 0，用于统计通信超时错误次数。

for 循环中，若第 1 次执行过程中发生通信超时错误，底层函数 SendRecvFun 中会将标识变量 FaultNO 置为 TimeOut，计数变量 OverTime 累计为 1，执行复位操作，执行到 444 行，循环变量 i 重置为－1。再次执行 for 循环时，变量 FaultNO 没有被清空，432 行调用函数 SendRecvFun 返回 ERROR 时，若为超时以外的其他错误，由于变量 FaultNO 仍然为 TimeOut，会导致错误地进入 434 行 if 分支，计数变量 OverTime 累计为 2，退出

参数装定流程、返回ERROR（再次执行for循环时，432行调用函数SendRecvFun返回ERROR时，若为超时以外的其他错误，应该允许再次进行装定）。

（3）经验与启示

有的标识变量会在执行某个流程后根据运行状态赋值为正常或故障码，有的是仅仅在发生错误时赋值为故障码，此类用法，标识变量应当在使用后及时清零，以免与当前的实际状态不一致。

涉及与外部接口进行通信中，应着重对标识变量进行检查，尤其是异常情况下标识变量的清零处理。

A.7.2 硬件寄存器重复初始化对软件功能的影响

（1）软件问题描述

测试过程中，在进行闭环控制过程中，存在采集信号失败从而导致控制失败的现象。该问题为偶发现象。

（2）问题分析

该问题的主要原因为芯片对寄存器进行初始化时，要求读写保持多个时钟周期，但实际未达到要求，导致寄存器初始化失败，使读取的信号为异常值，从而导致解算错误，最终导致控制失败。

（3）经验与启示

在实际工程应用中，利用寄存器或Flash辅助完成D/A或A/D转换、数据存储的软件比比皆是，由于不同寄存器、Flash存储器的硬件性能不一，在软件运行过程中，会存在寄存器初始化失败、Flash初始化失败的现象。若寄存器或Flash存储的数据为软件运行过程中的关重数据，则一旦初始化失败，将导致数据读取、数据存储、数据转换失败，引起不可估量的严重后果。

对测试人员，由于该问题的偶发性，在动态测试中发现该问题的概率不高，通过测试设计来覆盖该问题时，可通过对软件施加多次激励，完成多次功能验证。但该方法不能确保发现该问题。因此在代码审查时应重点关注寄存器、Flash存储初始化，确保软件寄存器、Flash存储器初始化成功。

对研发人员，在需要对寄存器、Flash存储器进行初始化时，若无严格的初始化时间限制，且重复初始化对软件功能无影响时，为确保在芯片要求的周期内完成初始化，可考虑对寄存器、Flash存储器进行重复初始化，确保初始化成功。

A.7.3 变量类型定义不当无初值导致安全性设计无法实现

（1）软件问题描述

程序中，根据安全性设计的要求，在本周期公式计算异常时，将采用上一周期的计算结果，具体实现如下：

```
void gongshi23(void)
```

```
{
    ......
    double temp4_23;
    ......
    if( (1.0 - ee_dg * ee_dg)> = 0.0 )
    {
        temp4_23 = aa_dg * sqrt(1.0 - ee_dg * ee_dg) * sin(E23);
    }
    else
    {
        Scp1 = Scp1 | 0x400;
    }
    xi_dg = temp3_23 * Px + temp4_23 * Qx;
    yi_dg = temp3_23 * Py + temp4_23 * Qy;
    zi_dg = temp3_23 * Pz + temp4_23 * Qz;
    ......
}
```

其中，temp4 _ 23 定义为双精度浮点型的局部变量，只有在 if 分支中，即正常情况下，进行赋值；当不满足判断条件（1.0－ee _ dg * ee _ dg）＞＝0.0，进入 else 异常分支时，局部变量 temp4 _ 23 不会被赋值。

由于 temp4 _ 23 是一个局部变量，调用时并无初值，这样在异常情况下，在其后计算全局变量 xi _ dg、yi _ dg、zi _ dg 时，使用的将会是一个随机值。

程序无法实现在异常状态下取前一次值的安全性设计要求。

（2）问题分析

在本周期公式计算异常时，采用前一周期的计算结果，是常用的一种安全性设计。

但是，对于这种常用算法，在程序具体实现时仍有需要加以注意的细节。

本案例中，就是对变量的定义类型没有进行区分，将保存结果的中间变量定义为了普通的局部变量，这样在每次调用子函数时，局部变量都需要重新开辟内存空间，其取值也根据空间地址的原有值不同而随机获得，无法起到保存前一次计算结果的作用。

（3）经验与启示

软件开发人员在进行程序设计时要对设计原理有清楚的认识，尤其是一些常用的设计要求和算法，也要有深入的了解，才能保证设计意图的正确实现。

从软件测试的角度来讲，对于一些常用的设计和算法，也要进行充分的验证。

A.8 编程和语言使用类

A.8.1 强制转换后导致数据溢出

(1) 软件问题描述

在代码审查中发现，将 float 型的计算结果转换为 short 型后，再赋值给整型变量时可能导致数据溢出。

(2) 问题分析

在程序中有如下代码：

```
Z = (short)((X - Y) * T + Y);
```

在上述代码中，变量 X、Y 的类型被定义为 int 型，T 的类型被定义为 float，Z 的类型被定义为 int 型，中间计算结果（X－Y） * T＋Y 为 float 型，float 型为 32 位，short 型为 16 位。DSP 内部对 float 型进行 short 类型强制转换时，先将 float 型数的小数部分舍弃，再将整数部分转换为 32 位有符号整型，取低 16 位作为 short 型的二进制表示。short 型最高位表示符号位，低 15 位为数据位，因此 short 类型变量的标示范围为－32768～32767，当中间计算结果（X－Y） * T＋Y 小于等于 32767 或大于等于－32768 时，该代码本身没有问题，而当中间计算结果（X－Y） * T＋Y 大于 32767 或小于－32768 时，会导致数据溢出。

如果中间计算结果（X－Y） * T＋Y 的整数部分为 35678，二进制表示为“00000000000000001000101101011110”，强制转换为 short 型后，去掉高 16 位，保留低 16 位“1000101101011110”作为 short 型二进制码，最高位“1”代表符号位，表示负数，后 15 位“000101101011110”为数据位，由于符号位为 1，该数据位以补码的形式存储（如果符号位为 0，表示正数，数据位为原码表示，不需要转换），转换为原码后（按位取反后加 1）的二进制数据为“111010010100010”，对应的十进制数为 29858，加上负号后数值为－29858，与期望的结果 35678 相差巨大，导致 Z 的计算结果错误。

(3) 经验与启示

在代码审查和静态分析的过程中，测试人员往往对“位数长的变量赋值给位数短的变量”给予较多的关注，因为“位数长的变量赋值给位数短的变量”会将高位截掉，保留低位，导致错误，而对“将位数长的变量强制转换为位数短的类型”给予的关注较少。而且，在静态分析过程中，工具只报“位数长的变量赋值给位数短的变量”情况，而不报“将位数长的变量强制转换为位数短的类型”的情况，因此，测试人员在代码审查过程中对于强制类型的转换需要特别注意。

A.8.2 左移位数超出变量字长导致数据处理错误

(1) 软件问题描述

软件通过 CAN 总线发送“时间”数据，用 4 个字节表示，软件接收“时间”并存放到 u16Data [1] ～u16Data [4]，通过移位操作将 4 个字节数据合并成完整数据并存放到 u32Temp 中，详见下述程序，其中 u16Temp [i]、u16Data [i+1] 为无符号 16 位整型，u32Temp 为无符号 32 位整型。

```
//RX GPS 周秒获取
for(i=0;i<4;i++)
{
    u16Temp[i]= u16Data[i+1];
    u32Temp = u32Temp | ((u16Temp[i] & 0xFF)<<i*8);
}
```

执行上述程序时，当第 3、4 字节 u16Data [3]、u16Data [4] 有数据时，发现 u32Temp 计算结果异常。

(2) 问题分析

分析上述程序，u16Data [1] 和 u16Data [2] 分别被左移了 0 位和 8 位，合并后存放在 u32Temp 的第 1、2 个字节，当执行 u16Data [3] 和 u16Data [4] 左移 16 位和 24 位时，由于 u16Temp [i] 为无符号 16 位整型，SM320F2812EP 的移位操作是以字长为模，当左移 16 位时，以 16 取模的结果为 0，当左移 24 位时，以 16 取模的结果为 8，即 u16Data [3] 和 u16Data [4] 的实际移位为左移 0 位和左移 8 位，最终导致 u32Temp 合并错误。

(3) 经验与启示

对于移位操作，编程人员要注意由于 DSP 不同所引起指令执行的特殊性。对于测试人员，在测试时要注意变量的值域范围，如例中的“时间”的值域范围，如果所给测试数据小于 65536，即仅覆盖了第 1、2 个字节，就不能发现上述问题。

A.8.3　无符号变量做减法导致判断异常

(1) 软件问题描述

软件中有如下语句：

```
if((u16Detail_Num >= (n16Num-20)) && (n16Num >= 20))
{
    ......
}
```

在对该软件进行目标码测试中，始终不能覆盖 (n16Num < 20) 的分支。

(2) 问题分析

分析上述程序，u16Detail _ Num、n16Num 均为 16 位无符号整型，n16Num 的取值范围为 0～39，当 n16Num 小于 20 时，由于无符号 n16Num－20 的结果为正的大数，而 u16Detail _ Num 的取值范围为 0～19，使条件“(u16Detail _ Num >= (n16Num－

20））”不成立而直接跳转，不会继续对条件“（n16Num >= 20）”进行判断，导致始终不能覆盖（n16Num < 20）的分支。

（3）经验与启示

对无符号变量做减法，要注意计算结果是否为负值，如果为负值，由于无符号性质将变成正数，可能影响后续的处理。

A.8.4 不考虑算法意义仅按规则提示改变变量类型

（1）软件问题描述

发现程序计算过程中，变量类型由 int 型修改为 float 型，导致公式的计算结果一直为 0，使后续不能正常进行。

（2）问题分析

程序中计算公式如下：

```
pre_dm_1 = pre_dm - (pre_dm/(pre_prf1[i]/64)) * (pre_prf1[i]/64);
```

其中上式中使用到的变量类型定义由原 int 型修改为 float 型，如下：

int pre_dm = 0;
int pre_dm_1 = 0;
int
pre_prf1[2] = {39680,43484};//620k 679k
	float pre_dm = 0.0;
	float pre_dm_1 = 0.0;
	int
	pre_prf1[2] = {39680,43484};//620k 679k

在计算公式中由于 pre_prf1 为 int 类型，则(pre_prf1[i]/64)计算结果也为 int 类型，使用 M 表示，公式(pre_dm/(pre_prf1[i]/64))可以替换为(pre_dm/M)。

因此对于不同类型的 pre_dm 变量，会出现以下计算差别：

M 为 int 类型，当 pre_dm 为 float 类型时，设计算结果为 R：

$$\frac{\text{pre\_dm}}{M}=R$$

R 也为 float 类型，为完整的计算结果值。

M 为 int 类型，当 pre_dm 为 int 类型时，设计算结果为 R_1：

$$\frac{\text{pre\_dm}}{M}=R_1$$

R_1 也为 int 类型，且 $R \neq R_1$，R_1 为 R 整数部分的值，因此，当 pre_dm 为 int 类型时，可以导致规则检查提示出现精度损失。

然后将 R 或 R_1 代入计算公式中，可得计算结果如下。

1）当 pre_dm 为 float 类型时：

$$\begin{aligned}\text{pre\_dm\_1} &= \text{pre\_dm} - \frac{\text{pre\_dm}}{M}\times M \\ &= \text{pre\_dm} - \text{pre\_dm} \\ &= 0\end{aligned} \tag{A-1}$$

所以，只要 pre _ dm 为 float 类型，无论其值为多少，计算过程都不会出现精度损失，计算结果都为 0，但是却导致整个计算过程没有意义。

2）当 pre _ dm 为 int 类型时：

$$\begin{cases} \text{pre\_dm\_1} = \text{pre\_dm} - \dfrac{\text{pre\_dm}}{M} \times M \\ \qquad\qquad = \text{pre\_dm} - R_1 \times M \\ \qquad\qquad = \text{pre\_dm}\% M \end{cases} \tag{A-2}$$

因为 pre _ dm 为 int 类型，所以公式（A－2）计算过程中 R_1 的值会出现精度损失，导致计算结果为变量 pre _ dm 相对于 M 的取余。只有当 pre _ dm 恰好整除 M 时，结果才与公式（A－1）计算结果相同，都为 0。

其实整个计算就是取余计算，计算过程正是利用整数整除过程中会出现精度损失这一规则来进行计算，从而计算出对应的值，即公式计算结果所得余数。

计算过程并不复杂，上一阶段通过测试时，变量 pre _ dm 定义为 int 型，取余计算正确。对问题产生的原因进行分析如下：

1）首先问题的修改，是由于规则检查结果中出现大量精度损失的提示。主要原因是公式运算过程中包含整数整除运算，导致计算结果出现精度损失，且此公式在程序中多次出现。而测试人员在以往版本中，对此问题结合算法意义确认程序正确，而认为规则检查工具是误报。但是经过本阶段大量程序修改，开发人员自行使用规则检查工具后，对工具没有大量误报的心理预期，且认为计算过程简单，改动容易，设计师贸然进行程序修改所致。

2）深层原因是由于程序在开发过程中经历了多阶段、多版本修改和功能增加，程序膨胀较大，导致程序复杂程度较高且程序规模太大，相对于最初版本的程序早已面目全非。而且此程序已经过多个设计师开发，当前设计师对程序理解并不透彻，设计师为了修改规则检查所提示的问题，直接修改变量类型，并没有关心变量的使用过程和目的，导致小改出大错的结果。

另外，由于修改后验证的难度较大，因本项更改只是修改了变量类型，对功能的影响不容易被发现，导致修改后出现变量 pre _ dm _ 1 一直为 0 的情况没有发现。

（3）经验与启示

对于开发人员而言，开发过程应符合设计规范和准则要求，不应使用不方便维护的编程设计。程序开发过程应具有继承性，经过评测和验证后的软件，每一处设计和更改都应考虑影响域的分析，其中计算公式或功能没有发生变化的程序不要轻易更改变量定义，如果确想更改，应结合变量使用过程和目的对变量类型的修改后果进行评估。有些变量可能有特殊使用，并不是精度越高越好，一旦修改会带来严重后果。

对于测试人员而言，规则检查的问题应进行合理筛选，并不是所有不符合规范的使用方式在程序中都是错误的。并且对于软件更改过程中涉及的每一条更改都应该进行核实，包括变量精度的提高。另外，测试人员还应对变量的使用过程和目的有适当的了解。

A.8.5 关于数据类型错误导致的自检过程无效的问题

(1) 软件问题描述

在代码审查时发现，程序在RAM自检实现时使用变量类型定义错误，将无符号含义的变量定义为有符号数据，导致自检过程无论自检对象是否出错，都按自检正常返回。

(2) 问题分析

代码片段如下：

```
if(RAMCheck() == 0xFF)
{
    LED_Error();
    while(1);
}

BYTE RAMCheck(void)
{
    uWORD uwRam_i = 0x00;
    BYTE xdata *pf;
    BYTE Rtemp;

    for(uwRam_i = 0x00; uwRam_i< 0x1000; uwRam_i++)
    {
        pf = (XBYTE)(Define_Addr+uwRam_i);
        *pf = 0xAA;
    }

    for(uwRam_i = 0x00; uwRam_i< 0x1000; uwRam_i++)
    {
        pf = (XBYTE)(Define_Addr+uwRam_i);
        Rtemp = *pf;
        if(Rtemp == 0xAA)
        {

        }
        else
        {
            return 0xFF
```

```
        }
    }

    for(uwRam_i = 0x00; uwRam_i< 0x1000; uwRam_i++)
    {
        pf = (XBYTE)(Define_Addr+uwRam_i);
        *pf = 0x00;
    }

    return 0;
}
```

如上阴影部分代码所示，其中“BYTE Rtemp；”按惯性思维认为是无符号类型的变量，但实际上 BYTE 类型通过类型定义为：typedef signed char BYTE。

函数 RAMCheck（）中将 0xAA 赋值给 Rtemp（有符号 char 类型），由于 0xAA 高位为 1，所以编译器和处理器认为 Rtemp 为负数，当执行 if（Rtemp==0xAA）时会认为条件为假而执行 else 分支返回 0xFF，即只检查了第一个字节就认为故障跳出了循环，导致处理错误，RAMCheck（）返回值类型为有符号 char 类型，所以实际该函数返回值为 −1，返回到上一级调用位置 if（RAMCheck（）== 0xFF）时会认为该条件为假，即认为 RAM 检查正常。

所以针对以下两种情况，自检永远为正常：

1）正常情况下有中间 2 处错误抵消得到正确的结果；

2）RAM 有故障情况时，自检后不能报出故障。

（3）经验与启示

由于一些测试的思维定式，往往会忽略数据类型的定义，而着重关注逻辑实现，而恰恰本问题就是由于代码编写者笔误导致数据类型设置错误而逻辑实现正确，测试人员看到 BYTE 就理所当然的认为是无符号字符类型，导致执行不正确。同时该问题实际违背了 GJB 8114—2013《C/C++语言编程安全子集》的“R-1-12-5 禁止无符号数与有符号数之间的直接比较”条款，在一般的静态分析检查工具中都会报警处理，应该结合上下文环境认真分析是否会导致错误。

A.8.6　缺少 else 分支导致程序陷入死循环

（1）软件问题描述

对本软件的评测中采用了代码审查的方法，这个问题是在代码审查时发现的，请看下面的主程序。

```
int main()
{
```

```
    init_system();
    tgv_operation_extern_state_uc |= TEST_HEATER_STATE;
    tgv_heater_healthy_test_state = 1;
    while(1)
    {
        if((tgv_operation_state_uc& TEMPERATURE_COLLECT_STATE) ! = 0)
        {
            //开始温度采集
            //发送温度采集命令
            start_temperature_collect();
        }
else if((tgv_operation_state_uc& MODIFY_THERMALCONTROLLER_STATE ) ! = 0)
        {
            //开始计算平均温度和温差值
tgv_operation_state_uc& = ~MODIFY_THERMALCONTROLLER_STATE;
            if(tgv_tempreture_store_pointer = = 20)
                compute_average_temperature();
            tgv_operation_state_uc |= POWER_COLLECT_STATE;
        }
        else if((tgv_operation_state_uc& POWER_COLLECT_STATE) ! = 0)
        {
            //开始采集二次电源电压
            start_power_collect();
        }
else if((tgv_operation_state_uc&GATHER_THERMALCONTROLLER_STATE ) ! = 0)
        {
            //开始加热器状态的采集
tgv_operation_state_uc& = ~GATHER_THERMALCONTROLLER_STATE;
            tgv_operation_state_uc |= TEMPERATURE_COLLECT_STATE;
            //再进入温度数据采集状态
            if(tgv_temperature_gather_number_counter>= 10)
            {
                tgv_one_period = 1;
            }
            //tgv_operation_extern_state_uc |= TEST_HEATER_STATE;
        }
```

```
        ……
    }
}
```

本程序中共有 5 个中断，各个中断之间的通信采用了全局变量，用变量状态机的互斥关系来协调每个中断的进入与退出，主程序中，依靠对状态机进行判断来分别调用不同的程序功能。对状态机进行判断这部分程序采用了 if～else if 的语句结构，由于缺少 else 语句，当状态机的互斥关系发生混乱的时候，主程序循环就进入了死循环，导致程序运行错误。

（2）问题分析

本问题的错误类型是“判断逻辑中缺少 else 语句导致程序陷入死循环”，这类问题也是我们在代码审查中比较关注的一类问题，也是比较重要的一类问题。实际上判断逻辑中缺少 else 语句还可以导致程序异常等情形发生。本案例中，主程序中用了 4 条 if ～else if 语句来判别各个状态机的状态，在中断函数中设置状态机的状态，在主程序中对状态机进行判断。每个功能是并行的，完全根据状态机的状态来决定是否调用，这样的程序设计是不合理的。由于各个中断函数中采用的全局变量过多，以及一个中断函数中状态机的状态就有好几种，导致变量的互斥关系极为重要也极为复杂，稍不注意就会导致状态机的混乱。从而发生程序进入死循环的情况。

（3）经验与启示

由以上案例，我们可以得到以下几点经验与启示：

1）从测试角度考虑，有些问题很难通过动态测试来发现，而代码审查却容易发现，因此，在开展确认测试时除了采用动态测试外，不能忽略代码审查，只有采取多种测试方法和手段，才能对软件进行比较充分的测试。

2）充分利用 C 语言安全规则检查工具，对程序做充分的规则检查，当发生规则违反的时候，应进一步深入分析导致规则违反的原因，从而找出程序的缺陷或者漏洞。

3）if～else if 语句必须要有 else 分支这条规则，理论上讲，当确切地肯定没有其他情况发生，或者其他情况不处理时，可以没有 else 分支。但是，为了程序的严谨与规范，提高程序质量，if～else if 语句应该具有 else 分支，千万不可因小失大。

4）特别是当 if～else if 语句结构在一个无限循环语句块之中的时候，必须要有 else 分支，给程序一个出口。否则，很容易导致程序陷入死循环或者程序异常。

5）从程序设计的角度，在中断函数中，应该尽量少采用全局变量，中断函数的设计应该尽量简单，主要的处理应该放在主函数中。这同样是一条重要的编程规则。

6）不要采用状态机的方式，不要试图用状态机来控制程序的运行，而应该用合理的时序来控制程序的运行。比如温度采集命令、计算平均温度和温差值、采集二次电源电压和加热器状态、发送遥测数据，应该是一个顺序的时序，而不是依靠状态机来随机地并行决定干什么。

所以我们在软件设计和软件测试中，都应该对程序设计的基本知识有比较深入的了解，充分重视代码审查的重要性，充分利用软件编程规则来对程序做初步的检查，再进一步深入分析，并且做到具体问题具体分析，检查出软件的缺陷和漏洞，提高软件的可靠性。

A.8.7 VxWorks看门狗定时挂接函数错误导致阻塞错误

（1）软件问题描述

软件运行过程中若收到控制系统的其他命令，控制软件界面中的系统时间、软件状态、过程信息栏均不再更新，运行命令执行后，无法正常响应外部命令，界面始终无法更新。

（2）问题分析

上电初始化过程中，通过wdCreate（）创建看门狗定时器：

```
for (int i = 0; i< N; i++)
    {
        if (NULL == (m_WD_Cmd[i] = wdCreate()))
        {
            return ERROR;
        }
    }
```

收到控制系统的运行命令，满足必需条件后，调用wdStart()启动定时器：

```
if (ERROR == wdStart(m_WD_Cmd[NO - 1], LauTime - M_CountDown,
(FUNCPTR)CmdCtrlFun,NO))
  {
        sprintf(str,"%d#定时器启动失败",NO);
        RecordLog(Error_TXT,str);
    }
    else
    {
        sprintf(str,"%d#启动定时器成功",MissNO);
        RecordLog(Proce_TXT,str);
    }
```

看门狗挂接函数CmdCtrlFun定义如下：

```
void CmdCtrlFun (unsigned char NO)
{
    char str[100] = {0};
    sprintf(str,"开始执行%d#运行",NO);
```

```
        RecordLog(Proce_TXT,str);
        if (ERROR == SendCmdToFun(NO,1))
        {
            State[NO-1] = IsError;//设置标志变量为故障
        }
    }
```

函数 SendCmdToFun 用于将报文发送到消息队列，定义如下：

```
    int SendCmdToFun (unsigned char NO,unsigned char Cmd)
    {
        Msg SendMsg(Cmd,0);
    if (ERROR == msgQSend(g_MsgQ[NO-1],(char *)&SendMsg,sizeof(Msg),
NO_WAIT,MSG_PRI_NORMAL))//将报文发送到消息队列
        {
            char str[100] = {0};
            sprintf(str,"向消息队列 g_MsgQ[%d]中发送消息错误",NO-1);
            RecordLog(Error_TXT,str);
            return ERROR;
        }
        else
        {
            return OK;
        }
    }
```

执行软件流程时，有时在界面能够正常显示，有时界面中的系统时间、软件状态、过程信息栏均不再更新，运行结束后，无法正常响应外部命令。经过分析，发现是由于在看门狗挂接函数 CmdCtrlFun 中使用了 sprintf 函数，产生阻塞，导致上述异常现象。

(3) 经验与启示

VxWorks 提供了一种通用的看门狗定时器机制，利用提供的函数，任何任务都可以创建一个看门狗定时器，经过指定的延时后，实现在系统时钟 ISR 的上下文中运行指定的程序。看门狗定时器触发的程序是在中断级别上执行，而不是在任务的上下文中。因此，看门狗定时器挂接的程序编写有一定的限制，这个限制条件与中断服务程序的约束是一样的。例如，不能使用获取信号量的语句，以及不能使用像 printf、sprintf 这样的 I/O 系统函数。

A.9　内存管理类

A.9.1　内存分配使用后未释放

(1) 软件问题描述

更改程序在对波形表进行内存分配使用完成后未及时释放，导致退出后，成为占用内存空间的野指针。在频繁进行工作状态切换时，就会导致大量内存被占用，存在计算机系统崩溃的重大风险。

修改前的具体代码如下：

```
#define ALLOCATED_MEMORY_ARRAY_SIZE (8)
static WAVEFORM * AllocWaveGraph (int num)/* 20121202 wu */
{
    WAVEFORM *p = (WAVEFORM *)calloc(num , sizeof(WAVEFORM));
    if (p == NULL)
    {
        errors(35);
        taskSuspend (0);
    }
    return (p);
}
```

(2) 问题分析

受更改需求的影响，设计师的关注点在如何实现对应的需求更改，而未考虑其他使用的情况。

(3) 经验与启示

对于这类问题，在更改确认过程中，应严格按照更改需求进行代码确认，不仅要仔细确认代码实现是否满足需求，还要仔细推敲代码更改是否对程序时序或其他功能有不良影响。

A.10　其他类问题

A.10.1　未遵循寄存器使用说明编码导致数据接收错误

(1) 软件问题描述

代码未严格按照寄存器接收状态进行数据接收，导致可能接收错误数据。

依据RS-422通信数据接收模块寄存器使用说明，RSR为数据帧接收状态寄存器，其bit 1、bit0位的定义是：接收到一帧完整数据时，该位置为“11”。

软件设计本意：接收 RS－422 通信数据时，先判断“是否接收到一帧完整数据”，再进行数据接收。

代码实现判断“是否接收到一帧完整数据”的条件：

```
if((status & 0x03) ! = 0)
{
//正常进行数据接收；
}
```

其中，status 为数据帧接收状态寄存器。

该判断条件的含义：寄存器的 bit（1：0）不为 0 时，即认为“接收到一帧完整数据”，该条件与寄存器使用说明描述的判断条件不等价。当 bit（1：0）为“11”时，固然满足代码实现的判断条件，但是当 bit（1：0）为“10”、“01”时，同样满足上述判断条件，此时接口异常，不是一帧完整数据，程序也按照完整数据接收，显然与寄存器使用说明不符。

（2）问题分析

设计师按照寄存器使用说明编码时，未严格按要求实现，而是将寄存器使用说明中的判断条件转化成与之等价的另一种形式，由于片面理解为：寄存器的 bit（1：0）不为 0，即表示该位置为“11”，忽略了寄存器的 bit（1：0）不为 0 时，除了为“11”外，还有其他情况。即该“等价条件”并非是真正的等价条件。

（3）经验与启示

1）软件开发人员在编码时，对接口文件以及所涉及的硬件，特别是寄存器定义都应全面理解，并严格按照协议去实现代码。

2）因软件实现与输入文档不一致导致的软件故障时有发生，上述软件缺陷就是因为软件开发人员在编写代码时没有严格与寄存器使用说明保持一致导致的，该问题也反映了开发人员对等价条件的认识不够清晰。希望软件开发人员在编码时，首先，要确保代码实现和输入文档的一致性，其次，如确需采用等价条件，一定要确保该条件符合输入文档本意。

3）从软件测试的角度来讲，在代码审查时，要特别关注与输入文档要求形式不一致的判断条件，确保该条件对要求条件来说是充要条件。

附录B 航天型号软件第三方测评的由来

B.1 火箭发射的信任危机

在20世纪80年代初，中国的火箭发展已经进入世界一流行业，我国也希望通过商业火箭发射促进经济发展。在相关方的推动下，中国航天也开始走出国门。为了争取到商业发射合作机会，对外的报价也比较低廉，发射费用大约相当于国际同类发射服务的60%～70%。

由于当时美苏太空竞争，美国重点发展航天飞机和大推力火箭，对普通的运载火箭的研制并不太重视。当时美国的休斯公司反复考虑性价比，决定使用中国的火箭进行常规卫星的发射，并与我国签订了发射澳星的合同。

1990年4月，“长征三号”成功发射了美国休斯公司制造的“亚洲一号”通信卫星，这是我国第一次国际商业发射，结果非常圆满。

1992年3月22日，第一颗澳星B1发射时，发射指挥员命令操作手按下点火电钮，突然从电视监控屏幕上发现主火箭的一、三助推火箭没点着，指挥员在3 s内迅速做出判断，并下令紧急关机，箭上控制系统自动关闭了主火箭和其余助推火箭的发动机，实施紧急刹车，发射任务失败。

然而，由于这次发射进行了全国范围的电视直播，国外媒体也进行了报道，发射任务的失败，造成了严重的负面影响。这也是3月22日成为航天质量日的由来（中国航天科技集团后将质量日改为9月21日）。幸运的是，澳星B1完整无损，在完成归零整改后，最终把澳星B1送到预定轨道。

1992年12月21日，“长征二号E”搭载第二颗澳星B2升空，火箭顺利起飞并达到预定高度，美国休斯公司通过美国当时的监控数据，认为发射成功了。但发射约40 s后，火箭上出现了异常火球，美国休斯公司后来也紧急联系中方，反馈联系不上卫星，怀疑发射失败。

后来在地面发现了澳星B2和火箭整流罩的残骸，中美双方为事故的认定发生了激烈的争吵，中方认为是卫星的燃料箱发生爆炸，美方认为是火箭的问题，半年多之后，中美双方决定不再为此争论，美国休斯公司再生产了澳星B3代替澳星B2，1994年，该卫星发射成功。

另外在1991年12月28日，“长征三号”火箭在发射东方红二号甲通信卫星时，三级发动机二次启动提前关机，卫星未进入预定轨道，发射失败。

累计计算，在1991年至1992年期间，有三次火箭发射失败，尤其是澳星B1、B2发射连续失败，使中国航天的声誉跌入低谷，一度陷入信任危机的绝境。

B.2　载人航天工程上马

1992年9月21日，我国政府批准载人航天工程正式上马，并命名为“921工程”。由于预计载人航天工程将使用大量软件，软件质量因此成为重要问题加以重视。软件测试作为软件工程中的重要环节，逐步被引入载人航天工程，并在后期得到全面推广。

B.3　引入第三方测试

当时中国航天因多次发射失利，质量形式严峻，质量整顿必须从严抓起，不就事故论事故，而是从基础工作抓起，从根上解决问题，其思路是“单位抓体系建设、型号抓产品保证、专业抓基础建设”。

航天工业总公司举办了多期的型号总师学习班，当时质量整顿的专业方面的重点是元器件质量、可靠性技术和软件质量，并专门请航天706所的专家去讲解软件工程和质量控制。

由于当时航天型号用的计算机软件规模还比较小，软件工程化在国内推广还较少，基本上都处于手工作坊式开发，自己提软件需求、自己编代码、自己验证，处于自编自导自演的开发方式，软件质量良莠不齐。随着计算机的广泛应用，软件质量问题会越来越突出。经讨论研究认为引入第三方测试可能是改变软件自编自导自演开发方式的突破口。

B.4　建立航天软件评测体系

在一次型号质量分析会上，专家提出要把软件测试贯穿软件开发全过程，软件问题发现越早，付出的代价越小。于是筹建了由评测中心、检测站和内部测试队伍组成的航天软件评测体系。在1996年6月，航天软件评测中心正式成立。并要求软件都要经过第三方测试，将软件评测纳入科研生产流程。同期，也成立了运载火箭软件检测站和空间飞行器软件检测站，他们与型号研制队伍中的内部测试人员一起，组成了航天型号软件评测最初的体系，如图B-1所示。

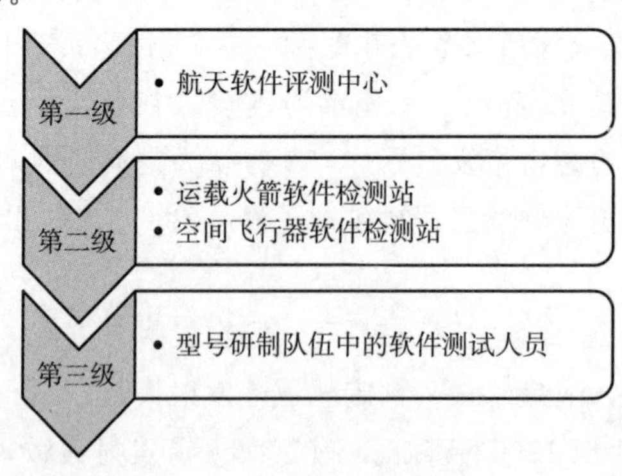

图B-1　航天软件评测体系

参 考 文 献

[1] Bart Broekman，等．嵌入式软件测试［M］．张君施，等译．北京：电子工业出版社，2004.

[2] 阮镰，陆民燕，韩峰岩．装备软件质量与可靠性管理［M］．北京：国防工业出版社，2006.

[3] 王玉峰，郭春凤．SOPC中自定义外设和自定义指令性能分析［J］．单片机与嵌入式系统应用，2007（11）：42-45.

[4] 郑人杰，等．实用软件工程［M］．北京：清华大学出版社，1997.

[5] 陆舟．Struts2技术内幕：深入解析Struct2架构设计与实现原理［M］．北京：机械工业出版社，2012.

[6] 贺平．软件测试教程［M］．3版．北京：电子工业出版社，2014.

[7] 马均飞，郑文强．软件测试设计［M］．北京：电子工业出版社，2011.

[8] 周涛．航天型号软件测试［M］．北京：宇航出版社，1999.

[9] 陆民燕．软件可靠性参数研究［J］．北京航空航天大学学报，2001，27（2）：241-244.

[10] PARNAS D L，VAN SCHOUEN A J，KWAN S P. Evaluation of safety critical software［J］. Communication of the ACM，1990，6（33）：636-648.

[11] HOWDEN W E. Functional program testing and analysis［M］. New York：McGraw-Hill，1987：51-55.

[12] 李秋英，陆民燕，阮镰．软件可靠性测试充分性问题的理论研究［J］．北京航空航天大学学报，2003，27（4）：312-316.